# 한국의 정원화

# 한국의 정원화
## The Garden Flowers of Korea

2010년 9월 20일 초판 1쇄 인쇄
2013년 10월 23일 초판 7쇄 발행

발행인 김동석
엮은이 자연과 함께하는 사람들
편집인 장강

펴낸곳 문학사계
121-886 서울특별시 마포구 합정동 427-6, 2층
전화 02-3143-2661
팩스 02-3143-2667
등록번호 제2010-000018호 / 2010년 4월 5일

*책값은 뒤표지에 있습니다.
*잘못된 책은 바꾸어드립니다.

우리 산과 들에서 숨쉬고 있는 보물

# 한국의 정원화
The Garden Flowers of Korea

엮은이 자연과 함께하는 사람들

# 한국의 정원화

**차례**

### 봄의 꽃

복수초 _아도니스 12
노루귀 14
금낭화 16
개양귀비 18
금어초 20
애기금어초 _리나리아 22
백설 24
앵초 26
제비꽃 28
팬지 30
데이지 _잉글리쉬데이지 32
리빙스턴데이지 34
샤스타데이지 36
티모필라데이지 38
옥스아이데이지 40
아레나리아 _남도자리 42
세라스티움 44
네메시아 46
비스카리아 48
협죽초 50
땃딸기 52
수선화 54
물망초 56
스노우드롭 58
스노우플레이크 60
제라니움 62
스위트피 64
루피너스 _층층이부채꽃 66
운간초 _천상초 68
베르게니아 70
둥굴레 72
은방울꽃 74
알리움 76
튤립 78
히야신스 80
무스카리 82
자란 84
리무나테스 86
고데치아 88
이베리스 90
스톡 _비단향꽃무 92
유채꽃 94
자라난화 96
사프란크로커스 98
저먼아이리스 _독일붓꽃 100
더치아이리스 _네덜란드붓꽃 102
아르메리아 104
옥사리스 _서양괭이밥 106
가자니아 _훈장국화 108
금잔화 110
수레국화 112

빈카 114
로베리아 116
설란 118
아네모네 120
절분초 _너도바람꽃 122
할미꽃 124
델피늄 126
니겔라 _흑종초 128

## 늦봄~초여름의 꽃
달맞이꽃 _월견화 132
아마 134
붓꽃 136
범부채 138
줄무늬범부채 140
리모니움 _스타티스 142
바니테일 _토끼꼬리 144
은쑥 146
캄파눌라 _초롱꽃 148
잇꽃 _홍화·홍람 150
다알리아 152
리시마키아 154
카라 156
베고니아 158
자주달개비 _퍼플하트 160
송엽국 _사철채송화 162
선홍초 _아그로스템마 164
안개꽃 166

끈끈이대나물 _시레네 168
패랭이꽃 _다이안사스 170
한련화 172
알스트로메리아 174
하브란서스 176
작약 178

## 여름의 꽃
접시꽃 182
부용화 _히비스커스 184
당아욱 186
닥풀 188
글라디올러스 190
크로코스미아 192
분꽃 194
옥시펜타룸 196
칸나 198
이소토마 200
도라지 202
불로화 204
에키네시아 206
과꽃 208
천인국 210
노랑코스모스 212
백일홍 214
해바라기 216
마리골드 _천수국 218
멜람포디움 220

루드베키아 222
매일초 224
토레니아 226
코리우스 228
사루비아 230
모나르다 232
수련 234
연꽃 236
채송화 238
봉선화 _봉숭아 240
임파첸스 242
설악초 244
니코티아나 _꽃담배 246
꽈리 248
풀협죽도 250
크리넘 _문주란 252
천일홍 254
나팔꽃 256
메꽃 258
유홍초 260
에볼블루스 _블루데이즈 262
풍접초 _족두리꽃 264
함수초 _미모사 266
물옥잠 268
부처꽃 270
풍선덩굴 272
아가판서스 274

글로리오사 276
트리토마 _크니포피아 278
백합 280
맨드라미 282

### 가을~겨울의 꽃

사프란 286
콜키쿰 288
세라토스티그마 290
옥천앵두 _크리스마스체리 292
비덴스 페루리폴라아 294
코스모스 296
국화 298
목화 300
댑싸리 _대싸리 302
꽃양배추 304
마타리 306
개미취 308
털머위 310
바위떡풀 _대문자초 312
대상화 314
층꽃나무 316
나무베고니아 318
개모밀덩굴 320
스테른베르기아 322
동백 324

■ 찾아보기 327

## 머리말

나라마다 국화(國花)가 있듯이 집집마다 가화(家花)를 한 그루씩 가꾸고, 나만의 아화(我花)를 하나씩 정하고 살면, 세상이 아무리 어지럽게 돌아가더라도 조금은 행복하게 살아갈 수 있지 않을까?
꽃을 노래한 김춘수 시인의 시 한 편이 떠오른다.

내가 그의 이름을 불러주기 전에는
그는 다만
하나의 몸짓에 지나지 않았다.

내가 그의 이름을 불러주었을 때
그는 나에게로 와서
꽃이 되었다.

내가 그의 이름을 불러준 것처럼
나의 이 빛깔과 향기에 알맞은

누가 나의 이름을 불러다오
그에게로 가서 나도 그의 꽃이 되고 싶다.

우리들은 모두
무엇이 되고 싶다.
너는 나에게 나는 너에게
잊혀지지 않는 하나의 눈짓이 되고 싶다
　　　　　-「꽃」 전문

마당 깊은 집, 그 정도는 아니더라도 작은 마당이라도 있는 집에 산다는 것은 현대를 사는 도시인의 꿈일지도 모른다. 그러나 비록 집에 마당이 없더라도 베란다 한쪽에, 창가에 작은 화단을 만들고 내 맘에 어울리는 꽃을 키워보자.

엮은이 **자연과 함께하는 사람들**

# 봄의 꽃

봄이 되면 겨우내 움츠려 있던 자연의 기운이 밖으로 터져 나오게 된다. 오행五行의 기운 중 목기木氣가 힘이 가장 강한데, 봄에 씨앗이 싹을 틔는 것은 바로 이러한 목기木氣가 발휘되기 때문이다. 봄을 영어로 Spring, 즉 용수철이라고 하듯이 봄에는 무수한 꽃들이 용수철처럼 터져 나온다.

## 복수초福壽草 _아도니스

Adonis amurensis

미나리아재비과

1. 개화시기_2~4월
2. 꽃색_황, 백, 황갈, 주홍 등
3. 꽃크기_3~5cm
4. 전초외양_직립형
5. 전초높이_10~30cm
6. 원산지_시베리아, 중국, 한국
7. 생태_다년초
8. 내한성_보통
9. 활용_화분, 모아심기

꽃이 황금색 잔처럼 생겼다고 측금잔화라고도 부르고, 설날에 핀다고 원일초, 눈 속에 피는 연꽃 같다고 설연화, 쌓인 눈을 뚫고 나와 꽃이 피면 그 주위가 동그랗게 녹아 구멍이 난다고 눈색이꽃, 얼음새꽃이라도 부른다. 보통은 외겹의 노란꽃이지만 백색이나 주홍색, 겹꽃 등 품종이 다양하다. 겨울에는 햇볕이 잘 드는 곳에 두고, 잎이 떨어진 5월 말 이후에는 반그늘에 두는 것이 좋다. 화분에 심은 것은 꽃이 지면 가능한 빨리 그늘진 곳으로 옮겨놓아야 한다.

## 노루귀

Hepaica nobilis var. japonica
미나리아재비과

① 개화시기_3~4월
② 꽃색_백, 핑크, 자색 등
③ 꽃크기_1~2cm
④ 전초외양_직립형
⑤ 전초높이_5~10cm
⑥ 원산지_한국
⑦ 생태_다년초
⑧ 내한성_보통
⑨ 활용_화분, 모아심기

꽃은 잎이 나오기 전에 피며 지름 1.5cm 정도로서 백색 또는 연한 분홍색이고, 꽃자루는 길이 6~12cm로서 줄기 끝에 1개의 꽃이 위를 향해 핀다. 그러나 사실은 꽃에 꽃잎은 없고, 6장의 꽃받침이 꽃잎처럼 보이는 것이다. 털이 돋은 잎 모습이 노루의 귀 같다고 해서 노루귀라 부르게 되었다. 근래에는 많이 퍼져 있으며, 정월에 모아심기용으로도 출하된다. 산야초용의 배양토에 심고 봄에는 양지, 여름에는 그늘에서 관리한다. 낙엽수 밑에 심어도 좋다.

## 금낭화

Dicentra spectabilis

양귀비과

1. 개화시기_5~6월
2. 꽃색_백, 핑크색
3. 꽃크기_3cm
4. 전초외양_직립형
5. 전초높이_40~60cm
6. 원산지_중국, 한국
7. 생태_다년초
8. 내한성_강함
9. 활용_화단

세뱃돈을 받아 넣던 비단 복주머니 모양과 비슷해 금낭화란 이름이 붙여졌다고 한다. 등처럼 휘어지고, 모란처럼 꽃이 아름다워서 등모란 또는 덩굴모란이라 부르기도 하며, 꽃의 생김새가 옛 여인들이 치마 속에 넣고 다니던 주머니와 비슷하여 며느리주머니, 며늘치라고 일컫기도 한다. 비스듬히 늘어진 장대의 꽃받침에 10개 정도의 꽃이 일렬로 피어난다. 내한성은 강하지만 고온과 건조에는 약하다. 배수가 잘 되는 반그늘에서 재배하는 것이 좋다.

## 개양귀비

Papaver rhoeas

양귀비과

1. 개화시기_4~6월
2. 꽃색_백, 핑크, 적색 등
3. 꽃크기_6~10cm
4. 전초외양_직립형
5. 전초높이_30~100cm
6. 원산지_유럽
7. 생태_1년초
8. 내한성_강함
9. 활용_화단, 꽃꽂이

우미인초(虞美人草)·애기아편꽃이라고도 한다. '양귀비'라는 이름 때문에 아편을 만들 수 있는 것으로 오해할 수 있지만 개양귀비에는 마약 성분이 없기 때문에 양귀비와는 달리 재배를 규제받지 않는다. 하지만 관상용으로 심은 개양귀비가 아편양귀비로 오해를 받아 경찰의 수사를 받게 되는 경우가 더러 있다. 햇볕이 잘 들고 물빠짐이 잘 되는 곳을 좋아한다. 씨는 9월 중순~10월 중순에 뿌리고, 겨울에는 서리막이를 하고 짚을 깔아주면 좋다.

## 금어초

Antirrhinum majus

현삼과

① 개화시기_4~7월
② 꽃색_백, 핑크, 적, 황색 등
③ 꽃크기_4~6cm
④ 전초외양_직립형
⑤ 전초높이_20~100cm
⑥ 원산지_남유럽, 아프리카
⑦ 생태_1년초 또는 다년초
⑧ 내한성_보통
⑨ 활용_화단, 모아심기 등

금어초(金魚草)는 물속을 헤엄치는 금붕어를 닮았다고 해서 붙여진 이름이다. 한 번만 봐도 잊혀지지 않을 정도로 특이하게 생긴 꽃이다. 화단 외에 화분, 꽃꽂이 등 폭넓게 이용되는 꽃으로 다년초이지만, 원예에서는 가을파종 1년초로 다뤄지고 있다. 유럽에서는 옛날부터 품종개량을 거듭해와 꽃색도 다양하다. 보통 노지재배로는 9월에 씨를 뿌리며, 씨는 빛을 좋아하기 때문에 흙을 살짝만 덮어주면 된다. 화단 등에는 이른 봄에 뿌린다.

## 애기금어초 _리나리아

Linaria maroccana

현삼과

1. 개화시기_5~6월
2. 꽃색_백, 핑크, 홍, 황색 등
3. 꽃크기_1cm
4. 전초외양_직립형
5. 전초높이_25~45cm
6. 원산지_지중해, 남부유럽
7. 생태_1년초
8. 내한성_보통
9. 활용_화단, 화분 등

줄기가 약한 듯 보이나 강인하다. 애기금어초라 부르지만, 금어초와는 전혀 다른 리나리아속의 식물이다. 리나리아속의 꽃에는 꽃통의 기부에 며느리발톱 같은 모양의 돌기가 있어, 여기에 꿀을 저장해 곤충을 유인하는 구실을 한다. 꽃은 작고 화려하며 파스텔 색조의 꽃이 인기 있다. 화단에 단독으로 군락을 이루어도, 또는 다른 꽃과 조화를 이루어도 잘 어울린다. 햇볕이나 배수가 좋은 곳에 심으면 되고, 씨는 아주 작지만 뿌려놓으면 아주 잘 자란다.

## 백설

Sutera cordata

현삼과

1. 개화시기_4~11월
2. 꽃색_백, 핑크색 등
3. 꽃크기_1cm
4. 전초외양_포복형
5. 전초높이_약 10cm
6. 원산지_아프리카
7. 생태_다년초
8. 내한성_약함
9. 활용_화단, 화분 등

최근 나온 꽃이지만 화분걸이를 한다든지, 모아심기나 꽃바구니에 꽂는 것으로 급속하게 퍼져갔다. 튼튼하고 차분한 녹색의 잎 위에 피는 하얀 꽃은 청결감이 돈다. 비료를 많이 주면 꽃이 잘 맺어지지 않으므로 주의해야 한다. 아침 햇살이 좋고 오후에는 그늘지는 정도의 햇빛 조건을 좋아한다. 따뜻한 실내의 창가에 두면 겨울 동안에도 꽃이 끊이지 않고 핀다. 생육이 왕성해서 크게 자라면, 밑에서 바짝 잘라 다시 자라게 해주는 것이 보기에 좋다.

## 앵초

Primula sieboldii

앵초과

1. 개화시기_4~5월
2. 꽃색_백, 핑크색, 담홍색 등
3. 꽃크기_2~5cm
4. 전초외양_직립형
5. 전초높이_15~20cm
6. 원산지_한국, 일본, 중국
7. 생태_다년초
8. 내한성_강함
9. 활용_화단, 화분

동아시아에 분포하고, 원예기술의 발달로 현재는 500품종 정도가 있으며 색상도 다양하다. '행운'과 '젊은 날의 슬픔'이란 꽃말을 갖고 있다. 원예품종은 기본적으로 화분에 심고 즐기지만, 야생종에 가까운 타입의 품종은 정원에 심어 즐기는 것이 좋다. 야생에서는 다년생 초본으로 전국 각처의 산, 들, 물가, 풀밭의 습지에서 서식한다. 제주도 한라산에는 눈앵초와 애기앵초, 한라앵초가 자라는데 특히 한라앵초는 한국특산식물이다.

27

### 제비꽃

Viola spp.

제비꽃과

1. 개화시기_3~5월
2. 꽃색_백, 황, 보라색 등
3. 꽃크기_1~4cm
4. 전초외양_직립형 또는 포복형
5. 전초높이_3~15cm
6. 원산지_전 세계에 분포
7. 생태_1년초 또는 다년초
8. 내한성_강함
9. 활용_화단, 화분 등

겨울나러 갔던 제비가 돌아오는 무렵에 꽃이 핀다고 제비꽃이라 부른다는 설과, 꽃의 모양과 빛깔이 제비를 닮아서 이름이 유래했다는 설이 있다. 세계에 넓게 분포되어 있으며 약 500종이 알려져 있다. 특히 일본은 60종 정도의 제비꽃이 퍼져 있어 '제비꽃왕국'이라고도 불린다. 원줄기가 없고, 뿌리에서 긴 자루가 있는 잎이 자라서 옆으로 비스듬히 퍼진다. 잎은 긴 타원형으로 끝이 둔하다. 비료를 많이 요구하는 식물은 아니지만 액비를 한 달에 1~2회 준다.

## 팬지

Viola wittrockiana

제비꽃과

1. 개화시기_11~6월
2. 꽃색_백, 자색 등과 복합색
3. 꽃크기_4~10cm
4. 전초외양_직립형
5. 전초높이_5~30cm
6. 원산지_유럽~남아시아
7. 생태_1년초
8. 내한성_강함
9. 활용_화단, 화분걸이 등

유럽 원산인 야생 팬지가 그 조상으로, 가장 오래된 꽃 중의 하나이다. 꽃은 백색·황색·자주색의 3가지 색이 기본색이고, 지금 나오는 품종은 여러 가지 제비꽃을 교배해 만들어낸 원예품종이다. 지금도 품종개량이 활발하게 이루어지고 있으며, 매년 신품종이 등장하고 있다. 추위에 강해 비료 등에 주의하면 늦은 가을부터 이듬해 초여름까지 계속 볼 수 있다. 일년생 초화류 중에서 내한성이 강한 초화로서, 품종에 따라 −5℃까지도 충분히 견딜 수 있다.

### 데이지 _잉글리쉬데이지

Bellis perennis

국화과

① 개화시기_3~4월
② 꽃색_백, 홍, 담홍색 등
③ 꽃크기_2~8cm
④ 전초외양_직립형
⑤ 전초높이_10~20cm
⑥ 원산지_유럽~남아시아
⑦ 생태_1년초 또는 다년초
⑧ 내한성_강함
⑨ 활용_화단, 화분 등

서부 유럽 원산으로 우리나라에서 자생하는 민들레꽃을 연상케 하는 꽃 모양과 크기, 키를 가지고 있다. 데이지는 리빙스턴데이지, 샤스타데이지, 티모필라데이지 및 잉글리쉬데이지 등이 있으며, 통상적으로 데이지를 호칭할 때는 잉글리쉬데이지를 가리킨다. 많은 원예품종이 육종되었고, 꽃색도 흰색, 핑크, 주홍에서 얼룩무늬까지 다양하다. 더위에 약하기 때문에 1년초로 다뤄지지만, 여름이 서늘한 지역에서는 다년초로 여겨진다.

## 리빙스턴데이지

Dorotheanthus bellidiformis

석류풀과

① 개화시기_5~6월
② 꽃색_백, 홍, 핑크, 자홍색 등
③ 꽃크기_4~5cm
④ 전초외양_포복형
⑤ 전초높이_10~15cm
⑥ 원산지_남아프리카
⑦ 생태_1년초
⑧ 내한성_약함
⑨ 활용_화단, 화분 등

데이지가 얌전한 느낌이라면 리빙스턴데이지는 아주 화려한 느낌이 든다. 채송화와 비슷한 꽃으로서 공원의 봄화단에 빠질 수 없는 화초다. 햇살을 듬뿍 받고 핀 꽃은 빛이 반사되어 반짝반짝 눈부실 정도지만, 그늘이 되면 닫아버린다. 씨는 9월에 뿌려 서리막이를 해 겨울을 나게 한다. 서리가 내리지 않으면 햇볕이 잘 들고 배수가 좋은 곳에 다시 심어준다. 화분 또는 화단에 심으며, 건조한 기후에 강하므로 화분은 햇빛이 잘 드는 곳에 놓는 것이 좋다.

### 샤스타데이지

Leucanthemum superbum

국화과

1. 개화시기_5~7월
2. 꽃색_황, 백색
3. 꽃크기_6~7cm
4. 전초외양_직립형
5. 전초높이_30~80cm
6. 원산지_교배종
7. 생태_다년초
8. 내한성_강함
9. 활용_화단, 꽃꽂이

미국의 육종학자가 만든 개량종 국화로, 캘리포니아의 산봉우리 이름을 따서 '샤스타데이지'라고 이름 지었다고 한다. 샤스타는 인디언 언어로 '흰색'을 뜻한다. 화초의 길이는 50~80cm이고, 30cm 정도의 작은 종도 있다. 화관의 중앙부는 노란색이고 주변부는 흰색이다. 쌍꽃잎과 여러 겹으로 피는 품종도 있다. 여러 겹으로 피는 품종은 '은하'라고 불린다. 배수가 좋은 장소라면 토양은 상관없지만, 고온과 건조에는 조금 약하기 때문에 낮 동안은 주의가 필요하다.

37

### 티모필라데이지

Dyssodia tenuiloba

국화과

1. 개화시기_5~11월
2. 꽃색_황색
3. 꽃크기_1.5~2cm
4. 전초외양_포복형
5. 전초높이_10~13cm
6. 원산지_북아메리카 남부
7. 생태_1년초
8. 내한성_강함
9. 활용_화단, 화분걸이 등

지면을 덮을 정도로 그루터기가 퍼져, 노란색의 작은 꽃을 오랫동안 피우고 있다. 길게 뻗은 줄기를 내려뜨리기 때문에 화분걸이용으로도 적합하다. 봄이나 가을에 씨를 뿌리지만, 가을에 뿌린 모종은 서리막이를 해주어 겨울을 나게 한다. 더위에는 강하지만 습기에는 약하기 때문에 배수가 좋은 장소에 심고, 화분에 심은 것은 비를 맞지 않게 하는 것이 좋다.

## 옥스아이데이지

Leucanthemum paludosum

국화과

1. 개화시기_3~5월
2. 꽃색_황색, 백색
3. 꽃크기_2~5cm
4. 전초외양_직립형, 포복형
5. 전초높이_10~20cm
6. 원산지_북아메리카 남부
7. 생태_가을파종 1년초
8. 내한성_조금 약함
9. 활용_화단, 화분걸이 등

아프리카 원산으로 건강해서 기르기 쉽고, 추위에도 강해 봄에 보는 소중한 꽃이다. 꽃 피는 기간이 길고, 흩어진 씨에서 매년 싹이 나와 꽃을 볼 수도 있다. 키가 낮아 베란다에 심어 즐기기에 아주 좋다. 9~10월에 씨를 뿌려 온상 안에서 보온을 해줘야 한다. 그러느니 이른 봄에 출하하는 모종을 심는 것이 간단하다.

## 아레나리아 _남도자리_

Arenaria Montana

패랭이꽃과

1. 개화시기_4~6월
2. 꽃색_백색
3. 꽃크기_1.5~2cm
4. 전초외양_포복형
5. 전초높이_5~20cm
6. 원산지_유럽 남서부
7. 생태_1년초 또는 다년초
8. 내한성_강함
9. 활용_화단, 모아심기 등

아레나리아는 라틴어로 모래땅을 의미하는 말로, 모래땅을 좋아하는 데서 붙여진 듯하다. 아레나리아종은 유럽의 피레네산맥에 자생하고 있으며, 근래 모아심기의 소재로 봄에 출하되고 있다. 고산식물적인 분위기가 매력적이다. 한여름의 더위에 약해서 배수가 좋은 곳에 심어 서늘한 기후에서 여름을 넘기게 한다.

## 세라스티움

Cerastium tomentosum

패랭이꽃과

1. 개화시기_5~6월
2. 꽃색_백색
3. 꽃크기_2.5~3cm
4. 전초외양_포복형
5. 전초높이_15~20cm
6. 원산지_유럽 남부
7. 생태_다년초
8. 내한성_보통
9. 활용_화단, 지면융단 등

세라스티움은 그리스어의 세라스티스(뿔모양)에서 유래한 것으로 이채초(耳菜草)라고도 부른다. 아마 잎새 모양이 쥐의 귀를 닮았기 때문인 모양이다. 초여름에 하얀색의 꽃을 20cm 이내의 높이로 무리지어 피운다. 그루터기 전체가 하얀 털로 덮여 있어 분설이 내린 듯하다. 화단의 가장자리나 지면융단, 암석정원 등에 많이 사용되고 있다. 원래 산지의 맨땅 같은 장소에 자라기 때문에 비옥한 토양보다 거친 토양에서 잘 자라고, 잎도 하얗게 된다.

## 네메시아

Nemesia strumosa

현삼과

1. 개화시기_5~7월
2. 꽃색_백, 적, 황, 자색 등
3. 꽃크기_1~3cm
4. 전초외양_직립형
5. 전초높이_15~40cm
6. 원산지_남아프리카
7. 생태_1년초
8. 내한성_약함
9. 활용_화단, 모아심기 등

남아프리카 원산의 1년초로, 원예품종은 다채롭고 산뜻한 꽃색들이 많기 때문에 봄을 연출하기에는 딱 맞는 소재이다. 많은 꽃을 피우기 때문에 풍성한 정원 만들기에 도움을 준다. 하지만 꽃은 비를 맞으면 상처가 나기 쉬워 가능한 큰 화분에 심고, 비를 피할 수 있게 덮개를 해주면 오래도록 아름다운 꽃을 즐길 수 있다.

## 비스카리아

silene coeli-rosa

패랭이꽃과

1. 개화시기_5~6월
2. 꽃색_핑크, 보라, 백색 등
3. 꽃크기_2~3cm
4. 전초외양_직립형
5. 전초높이_20~60cm
6. 원산지_지중해
7. 생태_1년초
8. 내한성_보통
9. 활용_화단, 화분 등

작게 가지가 나뉘어 머리 부분에 매실 같은 꽃을 피운다. 가는 가지는 바람에 흔들리며 우아한 자태를 뽐낸다. 군락으로 심으면 아름다운 개성이 돋보인다. 키가 큰 종과 키가 작은 종이 있다. 작은 종은 키가 30cm 정도로, 화분이나 모아심기에 적당하다. 9월에 햇볕이 잘 들고 배수가 좋은 장소에 씨를 심는다. 한랭지에서는 봄에 심는다.

### 협죽초

Phlox subulata

꽃고비과

1. 개화시기_6~8월
2. 꽃색_백, 핑크, 담청색 등
3. 꽃크기_1~2cm
4. 전초외양_포복형
5. 전초높이_10~15cm
6. 원산지_아메리카 서부
7. 생태_다년초
8. 내한성_강함
9. 활용_화단, 지면융단 등

모스플록스라고 불리는 북아메리카 원산의 다년초로, 기는 성질이 강하다. 지름이 1~2cm의 작은 벚꽃을 닮은 꽃은 한껏 피운 모양이 마치 꽃 융단을 깔아놓은 것 같다. 햇볕이 잘 들고 배수가 좋은 곳에 심으면 되는데, 배수가 나쁘면 고온다습으로 썩을 수도 있다.

## 땃딸기

Fragaria ananassa

장미과

1. 개화시기_5~6월
2. 꽃색_핑크, 적색 등
3. 꽃크기_2~3cm
4. 전초외양_포복형
5. 전초높이_10~12cm
6. 원산지_교배종
7. 생태_다년초
8. 내한성_강함
9. 활용_화단, 지면융단 등

네덜란드딸기를 교배해 생겨난 원예종으로 꽃은 관상이 가능하고, 열매는 작지만 먹을 수 있다. 네덜란드딸기보다 전체적으로 작고 모습도 가지런해서 작은 화분에 심어 즐길 수 있다. 또 그루터기가 넓게 퍼지기 때문에 지면융단용으로 또는 군락으로 심어도 좋다. 햇볕을 좋아하지만, 여름에는 반그늘이 좋다.

53

## 수선화

Narcissus spp.

수선화과

1. 개화시기_11~3월
2. 꽃색_황, 백색 등
3. 꽃크기_2~8cm
4. 전초외양_직립형
5. 전초높이_10~45cm
6. 원산지_지중해 연안
7. 생태_가을에 심는 구근
8. 내한성_강함
9. 활용_화단, 꽃꽂이 등

그리스신화의 미소년 나르키소스를 연상시키는 속명을 가진 수선화는 옛날부터 품종개량이 활발해 수많은 원예품종이 만들어졌고, 지금도 만들어지고 있다. 꽃의 모양이나 달린 형태 등으로 12개의 그룹으로 분류된다. 햇볕이 잘 들고 배수가 좋은 곳에 심고, 구근은 수년 동안 심은 채로 놔두는 것이 좋다.

### 물망초

Myosotis scorpioides

지치과

1. 개화시기_4~5월
2. 꽃색_청, 핑크, 백색 등
3. 꽃크기_0.5~0.7cm
4. 전초외양_직립형
5. 전초높이_20~40cm
6. 원산지_유럽, 아시아
7. 생태_1년초
8. 내한성_보통
9. 활용_화단, 화분 등

'날 잊지 말아줘요(Forget-me-not)'라는 꽃말을 가진 유럽의 꽃이다. 14세기 헨리 4세가 자신의 문장으로 채택한 꽃으로 유명해져서 이 꽃을 가진 사람은 연인에게 버림받지 않는다는 속설이 전해진다. 물망초의 보통 꽃은 청색으로 중앙에는 노랑이나 백색의 눈을 갖는다. 가을에 씨를 뿌리고, 서리가 내리는 곳에서는 서리막이를 해 월동시킨다. 그루터기가 자라면 옮겨 심는 것을 싫어하므로 처음 심을 때 장소를 잘 택해야 한다.

## 스노우드롭

Galanthus spp.

수선화과

1. 개화시기_2~3월
2. 꽃색_백색
3. 꽃크기_2~3cm
4. 전초외양_직립형
5. 전초높이_10~20cm
6. 원산지_프랑스 산악지대
7. 생태_가을에 심는 구근
8. 내한성_강함
9. 활용_화단, 화분

2월 중순이면 눈 속에서 수줍은 새색시처럼 고개를 떨구고 함초롬히 피기 시작하는 작은 꽃이다. 수선화과에 속한다. 국내에서는 '설강화(雪降花)'라고 불리어진다. 스노우드롭이란 이름은 아담과 이브에서 유래되었다. 구근이 건조에 약해서 그중에서 비교적 건조에 강한 종의 구근이 출하되고 있다. 낙엽수 밑에 부엽초 등을 충분히 넣고 심는다. 수년간은 심은 채로 놔두어도 된다.

## 스노우플레이크

Leucojum aestivum

수선화과

1. 개화시기_4~5월
2. 꽃색_백색
3. 꽃크기_1.5~2cm
4. 전초외양_직립형
5. 전초높이_30~40cm
6. 원산지_유럽 남부
7. 생태_가을에 심는 구근
8. 내한성_강함
9. 활용_화단, 화분, 꽃꽂이

은방울 같은 하얀 종 모양의 꽃을 피우고, 잎은 수선화를 닮아 은방울수선화라는 속칭이 있다. 잎 밑동에서 짧은 줄기가 뻗어나와 순백색의 작은 꽃을 피우는데, 유럽에서는 봄을 알리는 풀로 알려져 있다. 또 씨앗에는 개미를 끌어들이는 물질이 있어, 개미가 씨앗을 날라다 다른 곳에 뿌리를 내리게 한다. 구근을 심는 것은 10월이 적기로 낙엽수 밑에 심으면 좋다. 화분이라면 물빠짐이 좋은 흙을 사용한다. 스노우플레이크의 꽃말은 '처녀의 사랑'이다.

### 제라니움

Geranium spp.

쥐손이풀과

1. 개화시기_5~9월
2. 꽃색_백, 핑크, 흑자색 등
3. 꽃크기_0.8~4cm
4. 전초외양_직립형, 포복형
5. 전초높이_20~60cm
6. 원산지_세계 각지
7. 생태_다년초
8. 내한성_강함
9. 활용_화단, 화분

세계 각지에 약 300종이 분포되어 있다. 대부분 다년초로 한국에는 여름 제라니움을 비롯한 몇 종류의 화초가 1909~25년에 들어온 것으로 알려져 있는데, 흔히 모두를 '제라늄'으로 부르고 있다. 번식은 주로 꺾꽂이로 한다. 꽃색은 기본적으로 핑크색계이고, 꽃이 피는 도중에 색이 짙어지는 품종도 있다. 어느 종이나 비교적 튼튼하지만 여름의 고온다습에는 약하다. 배수가 좋은 곳에 심고, 엉킨 부분은 솎아내듯이 잘라주어 통풍을 잘 시킬 필요가 있다.

## 스위트피

Lathyrus odoratus

콩과

1. 개화시기_5~6월
2. 꽃색_백, 홍, 적, 황색 등
3. 꽃크기_4~5cm
4. 전초외양_덩굴형
5. 전초높이_최고 4m까지
6. 원산지_이탈리아 시실리섬
7. 생태_1년초
8. 내한성_보통
9. 활용_화단, 화분걸이 등

꽃에서 달콤한 향기가 나기 때문에 붙여진 이름이다. 사랑스런 나비모양의 꽃은 색채도 풍부해 꽃꽂이로도 인기가 많다. 덩굴이 길게 늘어진 보통 품종 외에 화단의 가장자리에 심는 작은 품종도 있다. 씨는 가을에 파종하는데, 하룻밤 물에 담가 물을 흡수시킨 뒤에 심는다. 산성을 싫어하기 때문에 심을 때는 다시 석회(탄산칼슘)로 중화시켜 심는다.

## 루피너스   층층이부채꽃

**Lupinus spp.**

지치과

1. 개화시기_초여름~여름
2. 꽃색_청, 보라, 핑크, 백색 등
3. 꽃크기_길이 20~50cm
4. 전초외양_직립형
5. 전초높이_60~150cm
6. 원산지_남북아메리카
7. 생태_1~2년초
8. 내한성_보통
9. 활용_화단, 화분 등

북아메리카 서부를 중심으로 약 300종이 분포되어 있는데, 잎은 손바닥모양의 겹잎이다. 꽃은 마치 새털로 만든 부채모양을 이룬다. 햇볕이 잘 들고 배수가 좋은 곳에 심든지, 포트에 모종을 심은 후 다시 정식으로 심는다. 1년초는 9~10월에, 2년초의 라세르루피너스종은 6~8월에 씨를 뿌린다.

### 운간초 _천상초

Saxifraga rosacea

범의귀과

① 개화시기_3~4월
② 꽃색_홍, 핑크, 백색 등
③ 꽃크기_1~1.5cm
④ 전초외양_포복형
⑤ 전초높이_6~10cm
⑥ 원산지_유럽 북서부~중부
⑦ 생태_다년초
⑧ 내한성_강함, 더위에는 약함
⑨ 활용_화분, 암석정원 등

운간초(雲間草)는 구름 사이에 피는 꽃이라 지어진 이름으로, 야생에서는 춥고 바람이 많은 산꼭대기에서 자란다. 봄에 개화되는 것을 구입해 심는다. 우리나라에는 태백산, 울릉도, 오대산, 지리산, 설악산 등 해발 1,000m가 넘는 곳에서 자라는데 백두산에는 노란 천상초 군락이 있고, 울릉도에는 붉은 꽃의 홍천상초가 있다고 한다. 생명력이 강해 영하 30~40도의 추위에도 견디는데, 이때는 잎을 뒤로 도르르 말아 수분증발을 막는다.

## 베르게니아

Bergenia stracheyi

범의귀과

1. 개화시기_3~4월
2. 꽃색_홍, 핑크, 백색 등
3. 꽃크기_1.5~3cm
4. 전초외양_포복형
5. 전초높이_20~60cm
6. 원산지_히말라야
7. 생태_상록다년초
8. 내한성_강함, 더위에는 약함
9. 활용_화단, 지면윤단 등

'순응하는 아내'라는 꽃말을 갖고 있어, 남편들이 아내에게 선물하는 꽃으로 알려져 있다. 그러나 이 꽃을 선물받은 아내들은 기분좋을 리 없다. 범의귀속에 가까운 다년초로, 상록의 커다란 잎과 튼튼한 줄기를 갖고 있다. 교배종이 많고, 겨울에는 잎이 붉어져 또 다른 아름다움을 선사한다. 건강한 화초로 내한성이 강하지만, 더위에는 조금 약해 여름에는 반그늘인 곳이 좋다. 정원에 심는 경우는 돌 사이 등 배수와 통풍이 잘 되는 곳을 선택한다.

## 둥굴레

Polygonatum odoratum var.
나리과

1. 개화시기_5~6월
2. 꽃색_담녹색
3. 꽃크기_1.5~2cm
4. 전초외양_직립형
5. 전초높이_40~80cm
6. 원산지_북반구의 온대
7. 생태_상록다년초
8. 내한성_보통
9. 활용_화단, 화분, 꽃꽂이

둥굴레는 옥죽, 황정 등의 다른 이름으로도 불리는데, 옥죽은 둥굴레 잎이 대나무 잎처럼 생겨서, 황정은 약재로 쓰이는 뿌리가 노란빛을 띠고 정기를 보호하는 작용이 있어 얻어진 이름이다. 강한 성질로 건조한 반그늘을 좋아한다. 수년에 걸쳐 그루터기가 자라면 더 예쁘다. 가을이나 봄에 모종을 구입해 심는다. 둥굴레는 산채로도 이용되고, 하얀 반점이 들어가 있는 품종은 약뿐만 아니라 관상가치가 높아 정원 등에도 심는다.

## 은방울꽃

Convallaria majalis

나리과

- ① 개화시기_4~6월
- ② 꽃색_백색
- ③ 꽃크기_0.6~0.8cm
- ④ 전초외양_직립형
- ⑤ 전초높이_20~30cm
- ⑥ 원산지_유럽
- ⑦ 생태_다년초
- ⑧ 내한성_강함
- ⑨ 활용_화단, 지면융단 등

은방울꽃으로 나오는 것은 유럽 원산의 독일 은방울꽃으로 '행복이 깃들다, 순결, 섬세'라는 꽃말이 있다. 꽃이 아름답고 향기도 좋아서 향수의 재료로 사용하기도 하지만, 풀에 독성이 있어 주의해야 한다. 서늘한 기후를 좋아해 반그늘에 심어도 된다. 화분은 매년 갈아 심어주는 것이 좋다. 꽃과 잎이 같은 높이에서 피어 있는데, 잎에는 광택도 있고 향기도 좋다.

## 알리움

Allium spp.

나리과

① 개화시기_주로 5~6월
② 꽃색_핑크, 보라, 청색 등
③ 꽃크기_지름 3~20cm
④ 전초외양_직립형
⑤ 전초높이_30~150cm
⑥ 원산지_북반구
⑦ 생태_가을심기 구근
⑧ 내한성_보통
⑨ 활용_화단, 화분, 꽃꽂이

알리움은 파속을 말하는 것이지만, 원예에서는 관상용의 종을 총칭한다. 꽃이 아름다운 알뿌리 화초인 알리움은 어느 종류나 추운 지방에서 잘 자라며, 토질도 가리지 않고 성질은 강하다. 봄~여름에 긴 꽃자루 끝에 피는 꽃은 모양, 색이 모두 갖가지로 화단심기, 화분심기, 꽃꽂이로 널리 애용되고 있다. 꽃줄기 끝에 파꽃을 닮은 공모양의 꽃을 피운다. 큰 알뿌리는 15~30cm 간격으로, 작은 알뿌리는 3cm 정도의 간격으로 10~11월에 심는다.

### 튤립

Tulipa spp.

나리과

1. 개화시기_3~5월
2. 꽃색_황, 백, 적색 등 다양
3. 꽃크기_4~10cm
4. 전초외양_직립형
5. 전초높이_15~70cm
6. 원산지_중앙아시아~북아프리카
7. 생태_가을심기 구근
8. 내한성_강함
9. 활용_화단, 화분, 꽃꽂이

봄화단을 채색하는 대표적인 꽃으로 유럽에서는 16세기경부터 품종개량을 해왔다. 재배되고 있는 원예품종의 대부분은 네덜란드에서 수입된 것으로, 한때 네덜란드에 튤립 투기열풍이 불어 유럽경제가 혼란에 빠지기도 했었다. 가을에 퇴비가 풍부한 땅속에 10~20cm 깊이로 심으면 꽃은 수년 동안 계속해서 핀다. 일반적으로 튤립은 다른 식물과는 달리 해충의 피해를 별로 입지 않는다. 세계적으로 유명한 원예화로, 품종개량도 활발히 이루어지고 있다.

## 히야신스

Hyacinthus orientalis

나리과

1. 개화시기_4~5월
2. 꽃색_황, 백, 핑크, 홍색 등
3. 꽃크기_2~3cm
4. 전초외양_직립형
5. 전초높이_20~30cm
6. 원산지_지중해연안
7. 생태_가을심기 구근
8. 내한성_강함
9. 활용_화단, 화분, 꽃꽂이

꽃의 이름은 그리스신화에서 태양의 신 아폴론의 깊은 사랑을 받고 있던, 스파르타의 왕자 히야신스에서 유래했다. 두 사람을 질투한 서풍의 신 제피로스는 히야신스와 아폴론이 원반던지기를 하며 놀고 있을 때 거센 바람을 불어, 히야신스가 원반에 머리를 맞고 죽게 했다. 피가 떨어진 곳에서 아름다운 보랏빛 꽃이 피기 시작해 이 꽃을 히야신스라 하게 되었다. 햇볕이 잘 들고 배수가 잘 되는 곳에 심고, 흙은 석회로 중성화해 퇴비를 많이 섞는다.

## 무스카리

Muscari spp.

나리과

1. 개화시기_3~4월
2. 꽃색_청, 황록색 등
3. 꽃크기_0.5~1cm
4. 전초외양_직립형
5. 전초높이_10~30cm
6. 원산지_지중해~서남아시아
7. 생태_가을심기 구근
8. 내한성_강함
9. 활용_화단, 화분

히야신스의 근연종으로, 청자색의 꽃을 가득히 피운 꽃의 이삭이 마치 포도 같다. 파란 꽃은 이른 봄 화단에 소재로서 많이 쓰이고 있으며, 튤립과 함께 어울려 심으면 더 아름답다. 알뿌리는 9월 중순부터 11월 중순에 햇볕이 잘 드는 장소에 심는다. 토질은 별로 신경 쓰지 않아도 된다. 군락을 이루면 더욱 아름답게 즐길 수 있다. 포도처럼 줄기에 꽃을 피운다. 주변에 군락성 꽃을 심으면 무스카리 꽃이 더욱 선명하게 살아난다.

83

## 자란

Bletilla striata

난초과

1. 개화시기_4~5월
2. 꽃색_백, 핑크
3. 꽃크기_2.5~3cm
4. 전초외양_직립형
5. 전초높이_30~50cm
6. 원산지_일본, 대만, 중국
7. 생태_다년초
8. 내한성_보통
9. 활용_화단, 지면융단 등

일명 대왕풀이라고 하며, 우리나라에서는 유달산 바위틈에서 야생종이 자란다. 자란의 덩이줄기는 백급이라 해서 약용할 수 있다. 난초 중에서는 더위나 추위에 강해 키우기가 아주 쉽다. 햇볕을 좋아하지만, 여름의 직사광선은 잎이 타는 현상을 일으키기 때문에 반그늘에 심는 것이 좋다.

## 리무나테스

Limnathes douglasii

난초과

1. 개화시기_4~5월
2. 꽃색_황색과 흰색이 혼합
3. 꽃크기_2~3cm
4. 전초외양_포복형
5. 전초높이_20~30cm
6. 원산지_북아메리카 서부
7. 생태_가을파종 1년초
8. 내한성_보통
9. 활용_화단, 화분 등

삶은 계란을 반으로 잘라놓은 듯한 모습으로, 꽃잎 중앙은 노란색이고 끝으로 흰색이 보인다. 근래 나오게 된 봄 화단용의 화초로 햇볕이 잘 들고, 배수가 좋은 장소를 좋아한다. 옮겨심기를 싫어하므로 씨를 뿌릴 때 장소를 잘 선택해야 한다. 이른 봄에 나오는 모종은 가능한 빨리 심어 준다. 건조에 약하므로 흙마름에 주의해야 한다.

## 고데치아

Clarkia amoena

바늘꽃과

1. 개화시기_5~7월
2. 꽃색_핑크, 적색, 백색 등
3. 꽃크기_4~7cm
4. 전초외양_직립형
5. 전초높이_20~60cm
6. 원산지_북아메리카
7. 생태_가을파종 1년초
8. 내한성_보통
9. 활용_화단, 화분 등

현재는 크라키아속에 분류되어 있지만 구식 속명이고, '고데치아'라는 이름으로 친숙해져 있다. 화단용 왜성(생물의 크기가 그 종의 표준 크기에 비하여 작게 자라는 특성, 더 커지지 않는 성질) 품종이 널리 퍼져 있고, 꽃잎이 넓으며 핑크, 오렌지, 붉은색, 백색 등 다양한 색의 꽃을 피운다. 화단이나 화분은 물론 꽃꽂이용으로도 즐길 수 있기 때문에 봄다움을 연출하는 꽃으로 이용가치가 높다. 9월 하순~10월 초순(한랭지에서는 봄)에 종자를 파종한다.

## 이베리스

Iberis spp.

유채과

1. 개화시기_4~6월
2. 꽃색_백, 적, 자주색 등
3. 꽃크기_1~2cm
4. 전초외양_직립형, 포복형
5. 전초높이_20~40cm
6. 원산지_남유럽, 북아메리카
7. 생태_가을파종 1년초
8. 내한성_보통
9. 활용_화단, 화분걸이 등

이베리스는 스페인의 옛 국명 '이베리아'에서 온 것으로, 많은 종이 이 지역에 분포하고 있기 때문이다. 성질이 강하기 때문에 양지와 배수가 좋은 장소에 심으면 재배는 용이하다. 일반적으로 가을에 씨를 뿌려 봄에 꽃을 피운다. 옮겨 심는 것을 싫어하기 때문에 어디에 심을 것인지를 정해 모종을 심어야 하고, 9월 하순~10월 중순에 종자를 파종한다.

## 스톡 _비단향꽃무

Matthiola incana

유채과

1. 개화시기_12~4월
2. 꽃색_자주, 적, 백색 등
3. 꽃크기_3~6cm
4. 전초외양_직립형
5. 전초높이_20~75cm
6. 원산지_남·서 유럽
7. 생태_가을파종 1년초
8. 내한성_조금 약함
9. 활용_화단, 꽃꽂이 등

자주, 적, 백색계의 꽃을 피우는데, 백색의 외겹 꽃을 피우는 품종은 모아심기 등으로 이용하면 관상에 최적이고, 꽃꽂이로는 겹 꽃으로 피는 품종이 인기가 높다. 꽃은 강한 향기를 풍긴다. 육종이 왕성해, 꽃꽂이용의 갈라진 것과 외줄기계 품종과 화분용의 왜성 품종이 있다. 또 가을부터 꽃을 피우는 초극 조생 품종도 만들어졌다. 내한성은 비교적 강하지만, 겨울에는 서리막이를 해서 보호해준다. 9월 초순~중순에 종자를 파종한다.

## 유채꽃

Brassica rapa var.amplexicaulis

유채과

1. 개화시기_3~4월
2. 꽃색_노란색
3. 꽃크기_1~2cm
4. 전초외양_직립형
5. 전초높이_60~80cm
6. 원산지_유럽
7. 생태_가을파종 1년초
8. 내한성_강함
9. 활용_화단, 꽃꽂이 등

유럽 원산의 1년초, 또는 2년초로 가지나눔이 적은 품종은 관상용으로, 분기성이 강한 품종은 식용으로 재배된다. 유채과의 식물은 꽃잎 4매가 십자로 나란하기 때문에 십자화식물이라고도 불린다. 화단에 심는 경우는 군락을 이루는 것이 효과적이다. 9월 초순~10월 초순에 씨를 파종한다.

95

## 자라난화

Erysimum cheiri

유채과

1. 개화시기_3~4월
2. 꽃색_노란색
3. 꽃크기_1~2cm
4. 전초외양_직립형
5. 전초높이_60~80cm
6. 원산지_유럽
7. 생태_가을파종 1년초
8. 내한성_강함
9. 활용_화단, 꽃꽂이 등

지름 2cm 정도의 꽃으로 꽃술에서 향기를 내뿜는다. 꽃색은 노란색이 보통이지만, 최근에는 모아심기용으로 짙은 오렌지나 적갈색이 많이 출하된다. 본래는 다년초지만, 더위를 싫어하기 때문에 1년초로 다뤄진다. 9~10월경에 씨를 뿌리고 겨울에 간단한 서리막이를 하면 이른 봄에는 개화한다. 직근성(땅속으로 곧게 뻗어 내려가는 뿌리)이기 때문에, 모종이 크게 되면 옮겨 심기가 어렵다.

### 사프란크로커스

Crocus spp.

붓꽃과

1. 개화시기_3~4월
2. 꽃색_백, 황, 자주색 등
3. 꽃크기_3~7cm
4. 전초외양_직립형
5. 전초높이_5~15cm
6. 원산지_지중해연안~소아시아
7. 생태_다년초
8. 내한성_강함
9. 활용_화단, 화분 등

지중해 연안을 중심으로 80종 정도가 분포한다. 구근식물로 원예품종이 다양하다. 봄에 피는 종과 늦가을에 피는 종이 있다. 봄에 피는 종은 10~11월에, 가을에 피는 종은 8월 하순~9월 초순에 구근을 심는다. 사프란이라는 말은 아랍어의 아자프란(azafran) 또는 자파란(zafaran)에서 비롯했으며 본래 사프란의 암술대를 가리키는 말이었다. 약이나 염료로 쓰기 시작한 것은 8세기부터로서 에스파냐를 정복한 무어인이 전했고, 인도와 페르시아에서는 그보다 훨씬 전부터 재배했다.

## 저먼아이리스 _독일붓꽃

Iris German Iris

붓꽃과

1. 개화시기_4~5월
2. 꽃색_백, 황, 청색 등 다양
3. 꽃크기_10~20cm
4. 전초외양_직립형
5. 전초높이_40~80cm
6. 원산지_교배종
7. 생태_다년초
8. 내한성_강함
9. 활용_화단, 화분

유럽산의 다양한 아이리스를 교배해 만들어 낸 원예종으로, 아이리스 가운데 무엇보다도 꽃 색깔의 변화가 다양하다. 꽃의 지름이 20cm인 품종도 있고, 하나의 꽃줄기에 한 송이씩 8개 정도 피운다. 자주색꽃 품종의 '오로라' 육종은 지금도 왕성해 연간 약 400개의 품종이 나오고 있다. 햇빛이 잘 들고 배수가 좋은 장소, 알칼리성 토양을 좋아해 고토(산화마그네슘) 석탄으로 토양 산도를 조정해 9월에 모종을 심는데, 땅속줄기가 살짝 보이도록 얕게 심는다.

## 더치아이리스 _네덜란드붓꽃_

Iris Hollandica hybrids

붓꽃과

1. 개화시기_4~5월
2. 꽃색_백, 황, 청색 등
3. 꽃크기_6~10cm
4. 전초외양_직립형
5. 전초높이_50~70cm
6. 원산지_교배종
7. 생태_다년초
8. 내한성_보통
9. 활용_화단, 화분, 꽃꽂이

스페인아이리스를 중심으로 교배해 네덜란드에서 탄생한 구근성 아이리스다. 저먼아이리스에 비하면 약간 작다. 가을에 심는 것이 일반적이고, 배수가 좋은 장소를 택해 구근 높이의 약 2배 깊이로 심는다. 서리가 내리는 지역에서는 잎에 상처가 나지 않도록 늦게 심는 것이 좋다. 더치아이리스의 꽃줄기는 단단하고 곧게 자라기 때문에 꽃꽂이로도 인기가 좋다.

## 아르메리아

Armeria spp.

갯질경이과

1. 개화시기_3~4월
2. 꽃색_핑크, 백, 홍색 등
3. 꽃크기_2~3cm
4. 전초외양_직립형
5. 전초높이_20~40cm
6. 원산지_유럽, 북아프리카
7. 생태_상록다년초
8. 내한성_강함
9. 활용_화단, 화분 등

북반구를 중심으로 약 50종이 있으며, 둥글고 무성한 소나무처럼 보이는 잎 사이에서 비녀 같은 꽃이 일제히 핀다. 해안성 식물이기 때문에 건조함에 강하지만 고온다습에는 약하다. 양지, 배수, 통풍이 좋은 장소를 택해 심는데, 돌담의 흙에 심으면 잘 자란다. 큰 그루가 되면 뭉그러져 시들기 쉽기 때문에, 매년 가을에 포기나누기를 해야 한다.

## 옥사리스 _서양괭이밥

Oxalis ssp.

괭이밥과

1. 개화시기_5~6월
2. 꽃색_백, 황, 핑크 등
3. 꽃크기_2~4cm
4. 전초외양_직립형
5. 전초높이_10~30cm
6. 원산지_남아메리카
7. 생태_1년초
8. 내한성_조금 약함
9. 활용_화단, 화분 등

옥사리스의 종류는 남아메리카, 남아프리카를 중심으로 세계에 약 500종이 있다. 꽃색이 다채롭고, 또 잎도 모양이나 색이 재미있는 것이 많아 최근에는 다양한 종이 출하되게 되었다.

## 가자니아 _훈장국화

Gazania rigens

국화과

1. 개화시기_5~6월
2. 꽃색_황등, 백, 적색 등
3. 꽃크기_5~10cm
4. 전초외양_직립형
5. 전초높이_15~30cm
6. 원산지_남아프리카
7. 생태_다년초
8. 내한성_조금 약함
9. 활용_화단, 화분 등

남아프리카 원산의 다년초이지만 원예종은 1년초로 다뤄진다. 꽃은 아침에 열리고 저녁에는 닫힌다. 꽃색은 원래 황등색이지만, 최근에는 백색이나 적색계도 많이 재배되고 있다. 가을에 종자를 파종하고 겨울에 얼지 않을 정도로 보관한다. 양지바르고 배수가 좋은 장소를 좋아하며, 여름의 고온, 건조에는 대단히 강하다.

109

## 금잔화

Calendula officinalis

국화과

1. 개화시기_3~5월
2. 꽃색_등, 황등 등
3. 꽃크기_5~11cm
4. 전초외양_직립형
5. 전초높이_15~50cm
6. 원산지_남유럽
7. 생태_가을파종 1년초
8. 내한성_보통
9. 활용_화단, 화분, 허브 등

과거에는 불교를 상징하는 꽃의 이미지가 강했지만, 최근에는 외겹으로 피는 품종이 칼렌듈라(Calendula)라는 이름으로 플로리스트(Florist : 꽃을 여러 가지 목적에 따라 보기 좋게 꾸미는 일을 하는 사람)들이 자주 사용해 이미지가 많이 바뀌었다. 포트마리골드(Pot marigold)라는 이름으로 허브로도 사용된다. 초봄에 봉오리가 달린 모종이 출하되기 때문에 그것을 구입하면 쉽게 심을 수 있으며, 모아심기를 하면 화단이 화려하게 장식된다.

## 수레국화

Centaurea cyanus

국화과

1. 개화시기_4~6월
2. 꽃색_백, 핑크, 자청색 등
3. 꽃크기_4~5cm
4. 전초외양_직립형
5. 전초높이_30~90cm
6. 원산지_유럽 남부
7. 생태_가을파종 1년초
8. 내한성_보통
9. 활용_화단, 꽃꽂이 등

유럽 남부 원산으로 화초의 길이는 30~90cm이고, 작은 종은 화단용으로, 큰 종은 꽃꽂이용으로 재배되고 있다. 9월 중순에서 10월 하순에 씨를 뿌리면 이듬해 4월 초순부터 개화하기 시작한다. 햇볕이 잘 들고 배수가 잘 되는 곳을 좋아하고, 옮겨 심는 것은 싫어한다.

수레국화는 꽃색도 다양하고, 화초줄기의 길이도 다양하다.

## 빈카

Vinca major

협죽도과

1. 개화시기_3~5월
2. 꽃색_옅은 보라색
3. 꽃크기_4~5cm
4. 전초외양_포복형
5. 전초높이_1m 이상
6. 원산지_남유럽~북아프리카
7. 생태_상록반관목
8. 내한성_강함
9. 활용_화단, 화분, 지면융단

속명의 빈카(Vinca)는 라틴어로 '맺는다는 의미로 꽃을 만들 때 덩굴상태의 줄기를 이용하기 때문이다. 늘푸른잎을 가지며 기는 성질이 강하여 지면융단용으로 많이 이용된다. 잎은 광택이 있는 짙은 녹색이고, 얼룩이 들어가 있는 품종도 있다. 건강하기 때문에 추위나 더위에도 강하지만, 한랭지에서는 반은 낙엽이 진다.

## 로베리아

Lobelia erinus

도라지과

1. 개화시기_3~5월
2. 꽃색_청, 적, 백색 등
3. 꽃크기_1~2cm
4. 전초외양_포복형, 직립형
5. 전초높이_10~25cm
6. 원산지_남아프리카
7. 생태_가을파종 1년초
8. 내한성_조금 약함
9. 활용_화단, 화분걸이 등

남아프리카 원산의 1년초로, 정신이 확 드는 듯한 청색의 꽃이 아름답다. 키가 큰 종과 작은 종이 있어 큰 종은 화단에, 작은 종은 화분이나 화분걸이용에 적합하다. 건조한 것을 싫어해, 물빠짐이 잘 되고 비옥한 토양에 심는 것이 좋다. 꽃이 핀 뒤에 1/3 정도 잘라 서늘한 곳에서 여름을 넘기면, 가을에도 꽃을 즐길 수 있다.

## 설란

Rhodohypoxis baurii

수선화과

1. 개화시기_4~6월
2. 꽃색_백, 핑크, 주홍색 등
3. 꽃크기_1.5~3cm
4. 전초외양_직립형
5. 전초높이_5~15cm
6. 원산지_남아프리카 서부
7. 생태_구근식물
8. 내한성_조금 약함
9. 활용_화단, 화분

남아프리카 원산으로 영국명은 '레드스타(Red Star)'이다. 가을에는 잎이 떨어지지만 그대로 두고, 이른 봄에 옮겨 심는다. 겨울에는 얼지 않도록 주의한다. 화단이나 큰 화분에 군락을 이루게 심는 것도 괜찮고, 작은 화분에 심어 야생화 같은 분위기를 즐기는 것도 좋다. 설란은 봄부터 가을까지 자라고 겨울에는 휴식을 취하는 성질이 있다.

## 아네모네

Anemone coronaria

미나리아재비과

1. 개화시기_4~5월
2. 꽃색_적, 백, 자주색 등
3. 꽃크기_4~10cm
4. 전초외양_직립형
5. 전초높이_25~40cm
6. 원산지_지중해 연안
7. 생태_구근식물
8. 내한성_조금 약함
9. 활용_화단, 화분, 꽃꽂이

지중해 연안 원산의 가을에 심는 구근으로, 원예품종은 같은 속의 품종끼리 자연교배해서 나온 것이라 여겨진다. 화단이나 화분, 꽃꽂이 등 폭넓게 이용되고 있다. 가을에 구근을 심는데, 딱딱하고 건조한 구근은 물이 많이 빨아들이면 썩기 때문에 습한 모래 위에서 천천히 물을 흡수시켜 심는다.

### 절분초 _너도바람꽃

Eranthis spp.

미나리아재비과

1. 개화시기_2~4월
2. 꽃색_황, 백색 등
3. 꽃크기_2~3cm
4. 전초외양_직립형
5. 전초높이_3~7cm
6. 원산지_아시아, 유럽
7. 생태_구근식물
8. 내한성_강함
9. 활용_화분, 암석정원 등

작은 다년초로 유럽이나 아시아의 온대에서 약 7종 정도가 분포하고 있으며, 이른 봄에 피는 꽃을 보기 위해 심는다. 덩이뿌리에서 짧은 줄기가 나오며, 흔히 심는 것은 '겨울바람꽃'이다. 화분이나 암석정원에 알맞은 품종이다. 구근은 이른 봄 또는 8월에 심는다. 가을 늦게 심으면 개화하지 않을 수도 있다. 배수가 잘 되는 모래와 같은 토양을 좋아한다. 현재 시판되고 있는 것은 순수한 절분초가 아니라 교배종인 경우가 많다.

### 할미꽃

Pulsatilla cernua

미나리아재비과

1. 개화시기_4~5월
2. 꽃색_짙은 적자색
3. 꽃크기_2.5~3cm
4. 전초외양_직립형
5. 전초높이_10~20cm
6. 원산지_한국, 중국
7. 생태_다년초
8. 내한성_강함
9. 활용_화단, 화분

꽃 뒤로 줄기가 길게 뻗어, 그 모습이 백발의 노인처럼 보여서 할미꽃이란 이름이 붙여졌다. 햇볕이 잘 드는 초원 등에서 많이 볼 수 있는 야생초이지만, 지금은 거의 볼 수 없다. 배수가 잘 되는 흙에 심고, 햇빛을 충분히 받게 한다. 씨로 쉽게 번식시킬 수 있다.

## 델피늄

Delphinium cultorum

미나리아재비과

1. 개화시기_6~8월
2. 꽃색_청, 핑크, 백, 황색 등
3. 꽃크기_1~5cm
4. 전초외양_직립형
5. 전초높이_30~200cm
6. 원산지_유럽, 아시아 등
7. 생태_1년초, 다년초
8. 내한성_강함
9. 활용_화단, 화분, 꽃꽂이

꽃꽂이에는 빠질 수 없는 꽃으로, 4천 종이 넘는 원예품종이 있으며, 풀의 길이는 30cm 정도에서부터 2m나 되는 것도 있다. 꽃색은 청색계열이 기본으로 되어 있지만, 최근에는 적색이나 노랑의 품종도 나오고 있다. 더위에 약하기 때문에 여름을 넘기기가 힘들어, 원종은 다년초이지만 1년초로 다뤄지기도 한다.

### 니겔라 흑종초

Nigella damascena

미나리아재비과

1. 개화시기_5~6월
2. 꽃색_청, 백, 적자색 등
3. 꽃크기_3~4cm
4. 전초외양_직립형
5. 전초높이_60~80cm
6. 원산지_유럽 남부
7. 생태_가을파종 1년초
8. 내한성_보통
9. 활용_화단, 화분, 꽃꽂이

독특한 모양의 꽃이 매력적인 1년초로, 겹꽃으로 피는 품종과 홑꽃으로 피는 품종이 있다. 별명대로 씨는 새까맣고 알칼로이드(Alkaloid : 식물계에 존재하는 함질소염기성 화합물로서 카페인, 모르핀, 코카인, 니코틴 등과 같이 동물의 신경계에 영향을 미치는 물질)라는 휘발성 기름을 함유하고 있으며, 꽃잎을 으깨면 좋은 향기가 난다. '꿈길의 애정'이란 꽃말도 있으며, 이뇨제로 사용되기도 한다. 주머니 모양으로 부풀어 오르는 니겔라 열매는 신기하고 재미있다.

# 늦봄~초여름의 꽃

초여름의 상쾌한 공기와 눈부신 햇살을 받아 옷을 갈아입는 이 시기에는, 많은 식물이 꽃을 피운다. 거리에서는 투명한 어린잎이 인사를 하고, 꽃잎과 빛나는 꽃은 잘 어울려 싱그러움을 더해준다. 정원의 꽃들을 최대한 즐길 수 있는 계절이다.

### 달맞이꽃 _월견화

Oenothera spp.

바늘꽃과

① 개화시기_5~7월
② 꽃색_황, 핑크, 백색
③ 꽃크기_1~5cm
④ 전초외양_직립형, 포복형
⑤ 전초높이_15~40cm
⑥ 원산지_아메리카
⑦ 생태_1, 2년초, 다년초
⑧ 내한성_보통
⑨ 활용_화단, 화분

남북아메리카를 중심으로 약 200종이 분포되어 있고, 밤에 피고 아침에 진다고 해서 지어진 이름이다. 달맞이꽃 종자유는 감마리놀렌산(Gamma Linolenic acid)이라는 필수 지방산을 갖고 있어 치료보조제로 쓰이기도 한다. 낮에 피는 종도 있지만 대부분은 저녁에 피고, 다음날 아침에는 꽃잎을 오므린다. 햇볕이 잘 들고 배수가 좋으면 잘 자란다. 시판되는 모종을 심는 것이 편하지만, 봄이나 가을에 씨를 뿌려도 된다.

## 아마

Linum spp.

아마꽃과

1. 개화시기_7~8월
2. 꽃색_핑크, 청색 등
3. 꽃크기_2~4cm
4. 전초외양_직립형
5. 전초높이_30~120cm
6. 원산지_중앙아시아, 아라비아
7. 생태_1년초, 다년초
8. 내한성_보통
9. 활용_화단, 화분

중앙아시아 및 아라비아가 원산지이나 옛날 이집트에서부터 재배했다. 아마는 가장 오래된 직물섬유의 하나로 줄기에서는 리넨(linen)을 짜기 위한 섬유를 뽑는다. 리넨이 곧 아마포(亞麻布)다. 아마포는 열전도율이 높고 뻣뻣하기 때문에, 입으면 시원하고 편하므로 여름철 옷감으로 인기가 있다. 씨앗 기름인 아마인유는 페인트, 인쇄잉크, 수채화 물감과 약재로 쓴다. 1900년대에 일본에서부터 한국에 들어온 것으로 알려져 있다.

## 붓꽃

Iris sanguinea

아마꽃과

1. 개화시기_5~7월
2. 꽃색_백, 황, 핑크, 자색 등
3. 꽃크기_5~10cm
4. 전초외양_직립형
5. 전초높이_30~60cm
6. 원산지_북반구의 온대지역
7. 생태_다년초
8. 내한성_강함
9. 활용_화단, 화분, 꽃꽂이

꽃잎이 6장으로 바깥쪽에 3장, 안쪽에 3장 있는데, 바깥쪽 꽃잎에는 무늬가 들어가 있는 것이 특징이다. 보통은 보라색으로, 오래 전부터 재배되어 왔다. 종류에 따라 반그늘의 건조한 곳을 좋아하는 품종이 있고, 습기가 많은 곳을 좋아하는 품종이 있다. 최근 교배가 이루어져 노랑, 핑크, 적자색 등의 아름다운 품종도 나오고 있다. 건조한 곳을 좋아하는 품종은 햇볕이 잘 들고 비교적 건조한 곳에 심으면 좋다. 그런데 종에 따라 물주기가 다르기 때문에 주의가 필요하다.

## 범부채

Belamcanda chinensis

붓꽃과

1. 개화시기_6~8월
2. 꽃색_오렌지, 노란색 등
3. 꽃크기_5~6cm
4. 전초외양_직립형
5. 전초높이_50~120cm
6. 원산지_중국, 인도 북부
7. 생태_다년초
8. 내한성_보통
9. 활용_화단, 꽃꽂이

옛날부터 정원에 심어 친근한 식물이다. 가을에 캔 뿌리줄기에서 잔뿌리를 제거한 뒤 그늘에 말린 것을 사간(射干)이라 하는데 특이한 향과 매운맛을 갖고 있고, 한방에서 기침, 천식 등에 약재로 사용하기도 한다. 낮에는 활짝 꽃을 피우고 저녁이 되면 붉게 꼬아지면서 꽃을 오므려 마치 꽈배기 모양이 된다. 햇볕이 잘 드는 곳이면 토양은 상관없다. 꽃 뒤에 검은 광택의 열매가 달린다. 3월 또는 10월에 시판되는 모종을 심는다.

## 줄무늬범부채

Iris japonica

붓꽃과

1. 개화시기_5~7월
2. 꽃색_백색 중심 혼합색
3. 꽃크기_5cm
4. 전초외양_직립형
5. 전초높이_30~70cm
6. 원산지_중국
7. 생태_다년초
8. 내한성_보통
9. 활용_화분, 지면융단 등

중국이 원산지로, 꽃색은 옅은 백색이나 옅은 보라 바탕에 노랑과 보라의 줄무늬가 있다. 꽃이름에 '범'이란 글자가 왜 들어갔는지 알 수 있게 해주는 선명한 호랑이 무늬이다. 모양도 색도 화려한 꽃이지만, 조금 어두운 곳에서 보면 그윽한 분위기가 느껴진다. 정원의 그늘이나 사면의 흙내림 방지용으로 이용되기도 한다. 더위나 추위에 강하고 반그늘을 좋아하며, 조금 건조한 경사면에 심어도 잘 자란다. 햇볕이 너무 잘 들면 잎이 타기 쉽다는 점에 주의한다.

141

## 리모니움 _스타티스

Limonium spp.

갯질경이과

1. 개화시기_5~8월
2. 꽃색_청, 황, 핑크, 백색 등
3. 꽃크기_3~5cm
4. 전초외양_직립형
5. 전초높이_30~100cm
6. 원산지_지중해 연안
7. 생태_1년초, 다년초
8. 내한성_강함(다년초), 약함(1년초)
9. 활용_화단, 화분, 말린꽃 등

꽃꽂이를 하고 난 다음 말려서 다시 즐길 수 있는 친근한 꽃이다. 시중에서 판매되는 이름은 '스타티스(Statice)', '스타치스'를 더 많이 쓰는데, 스타티스는 구(舊) 속명이고, 지금은 리모니움(Limonium)이라 불린다. 전 세계에 약 300종이 분포되어 있다. 1년초는 조금 추위에 약해 서리를 맞지 않도록 하는 것이 좋지만, 다년초는 내한성이 강해 서리에도 잘 견뎌낸다. 불꽃놀이를 하듯이 정원 가득 피어난다. 갖가지 색깔의 꽃이 모여 피며, 말라도 색이 변치 않는다.

## 바니테일 _토끼꼬리

Lagurus ovatus

벼과

1. 개화시기_5~8월
2. 꽃색_백록색
3. 꽃크기_3~6cm
4. 전초외양_직립형
5. 전초높이_30~40cm
6. 원산지_지중해 연안
7. 생태_가을파종 1년초
8. 내한성_보통
9. 활용_화단, 화분, 말린꽃 등

속명 'Lagurus'는 그리스어로 토끼의 꼬리라는 의미인데, 꽃이 토끼의 꼬리를 닮아 있다는 것에서 나왔다. 중국에서도 '토미초(兔尾草)'라고 부른다. 지중해 연안에 많이 분포되어 있으며, 1속 1종의 1년초이다. 꽃은 말린꽃이나, 부케나 생화로도 사용된다. 가을에 씨를 화단에 뿌리든지, 포트에 심어 모종으로 자라면 봄에 제대로 심는다.

## 은쑥

Artemisia schmidtiana

국화과

1. 개화시기_7~8월
2. 꽃색_옅은 녹색
3. 꽃크기_4~5mm
4. 전초외양_직립형
5. 전초높이_10~40cm
6. 원산지_일본, 사할린
7. 생태_다년초
8. 내한성_강함
9. 활용_화단, 화분, 화분걸이

일본에서 도입된 식물이다. 자라나오는 잎새가 투명한 아지랑이 같다 하여 아지랑이라고도 불리고, 은빛쑥이라고도 일컬어진다. 세계적으로 300여 종이 분포되어 있으며, 정원 소재로 많이 활용되고 있다. 전체적으로 은백색의 털로 덮여 있어 아름답고, 옛날부터 산야초로 재배되어 왔다. 최근에는 모아심기의 소재로 많이 활용되고 있다. 햇빛을 좋아하지만 고온다습은 싫어해, 여름에는 반그늘의 시원한 곳에 두는 것이 좋다.

### 캄파눌라  초롱꽃

Campanula spp.

도라지과

1. 개화시기_4~7월
2. 꽃색_청, 자주, 핑크, 백색 등
3. 꽃크기_1~5cm
4. 전초외양_직립형, 포복형
5. 전초높이_10~150cm
6. 원산지_북반구의 온대지방
7. 생태_1, 2년초
8. 내한성_강함
9. 활용_화단, 화분, 꽃꽂이 등

캄파눌라(Campanula)는 프랑스어로 '작은 종(鍾)'을 의미한다. 북반구의 온대북부를 중심으로 약 300종이 분포되어 있다. 유럽에서는 옛날부터 재배된 중요한 원예식물인데, 고온다습을 싫어한다. 여러 종류가 있지만 일반적으로 서늘하고 건조한 것을 좋아해, 햇볕이 잘 들고 배수가 좋은 곳에 심는다.

### 잇꽃 _홍화·홍람

Carthamus tinctorius

국화과

1. 개화시기_5~6월
2. 꽃색_황색에서 적색으로 변함
3. 꽃크기_2.5~4cm
4. 전초외양_직립형
5. 전초높이_60~100cm
6. 원산지_서아시아
7. 생태_2년초
8. 내한성_보통
9. 활용_화단, 꽃꽂이, 말린꽃

서아시아가 원산지인데, 염료나 식용유의 원료로 중요한 식물이다. 국화과의 두해살이풀로 홍화(紅花)·홍람(紅藍)이라고도 한다. 우리나라에서는 조선시대의 어휘집인 『물보(物譜)』라는 책에 잇꽃을 뜻하는 '홍람'이 나오고 있어, 이전부터 심어온 것으로 추정된다. 이른 아침에 꽃을 따서 그대로 말리거나 눌러서 약이나 염료로 썼다. 씨는 가을에 심지만, 한랭지에서는 봄에 심는다. 햇볕이 잘 들고 배수가 잘 되는 곳에 퇴비를 충분히 주어 심으면 된다.

## 다알리아

Dahlia hybrida

국화과

1. 개화시기_5~10월
2. 꽃색_핑크, 적, 황, 백색 등
3. 꽃크기_2.5~4cm
4. 전초외양_직립형
5. 전초높이_20~180cm
6. 원산지_교배종
7. 생태_봄에 심는 구근식물
8. 내한성_보통
9. 활용_화단, 화분, 꽃꽂이

국화과의 2~3종간의 교배로 만들어진 원예종으로 꽃모양, 꽃색, 화초의 모습 등 변화가 다양한 식물이다. 꽃색은 청색을 제외한 거의 모든 색을 갖고 있다. 봄에 햇볕이 잘 들고, 습기가 적당히 있는 곳에 구근을 심는다. 원산지가 멕시코의 고원이기 때문에 더위에 약한데, 서늘한 곳에서 키우면 선명한 색깔의 꽃을 피운다.

## 리시마키아

Lysimachia spp.

앵초과

1. 개화시기_6~7월
2. 꽃색_황색
3. 꽃크기_0.5~2cm
4. 전초외양_직립형, 포복형
5. 전초높이_5~90cm
6. 원산지_북반구
7. 생태_다년초
8. 내한성_강함
9. 활용_화단, 화분, 지면윤단

북아메리카, 유럽, 중국 등에 약 150종이 분포되어 있다. 우리나라에도 강원도, 경기도, 충북, 경북의 높은 산에서 드물게 자란다. 배수가 잘되만, 적당한 습도가 유지되는 곳을 좋아하고, 부엽토 등을 충분히 넣어서 심는다. 더위에 조금 약해서 여름에는 화분을 반그늘에 통풍이 잘 되는 곳으로 옮겨놓는다.

## 카라

Zantedeschia spp.

토란과

1. 개화시기_5~7월
2. 꽃색_황, 백, 핑크, 녹색 등
3. 꽃크기_7~20cm
4. 전초외양_직립형
5. 전초높이_30~100cm
6. 원산지_남아프리카
7. 생태_봄에 심는 구근식물
8. 내한성_보통~조금 약함
9. 활용_화단, 화분, 꽃꽂이

깔때기 모양의 꽃이 특징적이고, 남아프리카에 6종류가 분포되어 있다. 그들 원종을 모태로 하리브리드카라라고 불리는 많은 원예품종이 만들어졌다. 네덜란드카라는 고추냉이 모양의 땅속줄기를 갖고 있고, 물가를 좋아한다. 복숭아색의 카라나 하이브리드카라는 덩이줄기를 갖고 있어, 배수가 좋은 화단에서 키운다.

## 베고니아

Begonia Semperflorens

베고니아과

1. 개화시기_5~11월
2. 꽃색_백, 핑크, 적색 등
3. 꽃크기_2~3cm
4. 전초외양_직립형
5. 전초높이_20~30cm
6. 원산지_브라질
7. 생태_다년초
8. 내한성_약함
9. 활용_화단, 화분, 화분걸이

베고니아는 키가 큰 기립성, 꽃을 보는 초본성, 잎을 즐기는 관엽이 있다. 잎은 녹색 또는 적색이고 표면에 세포성의 잔돌기가 있어 광택이 강하며, 여름철에 강한 햇볕에서 전체가 적색 또는 적자색을 띤다. 또한 약간 안으로 오그라들며 끝이 뾰족하고, 가장자리는 적색으로서 불규칙한 톱니가 있다. 화단, 화분은 물론 화분걸이 등에 널리 사용되는 만능종이다. 꽃색도 백색에서 적색까지 종류가 많고 잎도 녹색, 얼룩이 들어간 것 등 다양하다.

### 자주달개비 _퍼플하트

Tradescantia pallida

닭의장풀과

1. 개화시기_5~11월
2. 꽃색_핑크
3. 꽃크기_2~2.5cm
4. 전초외양_포복형
5. 전초높이_30~60cm
6. 원산지_멕시코
7. 생태_다년초
8. 내한성_조금 약함
9. 활용_화단, 화분

멕시코 원산으로 잎과 줄기가 모두 자홍색이고, 핑크색의 꽃을 피우는 퍼플하트가 가장 많이 재배된다. 그늘에서는 잎색이 흐려지며, 강한 광선에서는 붉은 보라색이 된다. 식물 전체가 보라색이라 아주 특이하게 보인다. 햇볕이 잘 들고 건조한 곳을 좋아한다. 내한성은 조금 약하지만, 따뜻한 곳에서는 노지에서도 월동한다.

## 송엽국 _사철채송화

Lampranthus spp

석류풀과

1. 개화시기_5~7월
2. 꽃색_백, 핑크, 황, 홍색 등
3. 꽃크기_약 5cm
4. 전초외양_포복형
5. 전초높이_10~30cm
6. 원산지_남아프리카
7. 생태_다년초
8. 내한성_조금 약함
9. 활용_화단, 화분

잎사귀는 소나무를 닮고 꽃은 국화를 닮았다 하여 송엽국(松葉菊)이라 부른다. 남아프리카 원산으로, 속명인 람프란투스(Lampranthus)는 그리스어로 '빛나는 꽃'이란 뜻이다. 해가 비치면 열리는 꽃은 광택이 있어 눈부실 정도이다. 원예종으로 번식력이 강하고, 양성식물이라 햇볕이 있을 때 활짝 피었다가 저녁에는 오므라든다. 남아프리카에 약 100종이 있는 다육질의 다년초인데, 10종 정도의 교배종이 재배되고 있다. 배수가 잘 되는 곳을 좋아해 돌담 틈에 심으면 잘 자란다.

## 선홍초 _아그로스템마

**Agrostemma githago**

패랭이꽃과

1. 개화시기_5~7월
2. 꽃색_핑크, 적색 등
3. 꽃크기_2~8cm
4. 전초외양_직립형
5. 전초높이_60~90cm
6. 원산지_유럽, 아시아
7. 생태_가을파종 1년초
8. 내한성_강함
9. 활용_화단

아그로스템마(Agrostemma)는 그리스어로 '밭에서 피는 아름다운 꽃'이란 의미이다. 씨는 독이 있는 것으로 알려져 있다. 그래서인지 중국에서는 맥독초류(麥毒草類)로 분류한다. 건강해서, 햇볕이 잘 들면 토양에 상관없이 잘 자란다. 씨는 9~10월에 뿌리고, 싹이 나면 정식으로 심어준다. 키가 크고 줄기에 힘이 없어, 지지대를 해주면 좋다.

## 안개꽃

Gypsophila elegans Bieb

패랭이꽃과

1. 개화시기_5~7월
2. 꽃색_백, 핑크색
3. 꽃크기_0.5~1.5cm
4. 전초외양_직립형
5. 전초높이_20~120cm
6. 원산지_유라시아대륙
7. 생태_1년초, 다년초
8. 내한성_강함
9. 활용_화단, 화분, 모아심기

작은 꽃이지만 무리지어 피는 모습이 마치 안개같이 보여 붙여진 이름으로, 화단용이나 꽃꽂이용으로 인기가 높다. 햇볕이 잘 들고 배수가 좋은 곳에 석회를 소량 섞어 중화시킨 후 심는다. 일반적으로 가을에 씨를 뿌리지만, 시판되는 모종을 구입해 심기도 한다.

### 끈끈이대나물 _시레네

Silene spp.

패랭이꽃과

1. 개화시기_5~7월
2. 꽃색_핑크, 백색
3. 꽃크기_1~5cm
4. 전초외양_직립형, 포복형
5. 전초높이_5~60cm
6. 원산지_지중해 연안
7. 생태_1년초, 다년초
8. 내한성_강함
9. 활용_화단, 화분, 꽃꽂이 등

지중해 연안을 중심으로 주변 지역에 약 500종이 분포되어 있다. 영어로 캐치플라이(catchfly)라고 하는데, 줄기 위쪽에서 갈라져 나온 꽃대 끝에 적색 또는 흰색의 꽃이 모여 달려 산형을 이룬다. 그리고 자세히 보면 꽃이 달린 줄기 위쪽에 엷은 갈색의 띠가 있고, 이곳에서 끈끈한 점액이 분비되어 파리나 개미 등의 벌레가 잘 붙어 붙여진 이름이다. 햇볕이 잘 들고 배수가 좋은 곳에 9월 중순에서 하순에 씨를 뿌리거나, 모종을 구입해 심는다.

## 패랭이꽃 _다이안사스

**Dianthus spp.**

패랭이꽃과

1. 개화시기_5~7월, 10월
2. 꽃색_핑크, 백, 적색 등
3. 꽃크기_1~5cm
4. 전초외양_직립형, 포복형
5. 전초높이_5~60m
6. 원산지_유라시아 등
7. 생태_1년초, 다년초
8. 내한성_강함
9. 활용_화단, 화분, 꽃꽂이 등

유럽, 아시아, 아프리카에 약 300종이 분포되어 있으며, 비교적 쉽게 교배될 수 있기 때문에 옛날부터 여러 원예품종이 만들어져 왔다. 기독교에서는 패랭이꽃을 '십자가에 박힌 그리스도를 보고 성모 마리아가 흘린 눈물에서 피어난 꽃'이라 하여 귀히 여기며, '영원하고 순결한 사랑'이란 꽃말을 갖고 있다. 다른 이름으로 석죽, 아모석죽, 낙양화, 석주화 등이 있다. 햇볕이 잘 들고 배수가 좋은 곳이면 돌담 틈에 심어도 잘 자란다.

### 한련화

Tropaeolum majus

한련과

1. 개화시기_6~10월
2. 꽃색_황, 적색 등
3. 꽃크기_4~6cm
4. 전초외양_포복형
5. 전초높이_20~40cm
6. 원산지_남아메리카
7. 생태_1년초
8. 내한성_조금 약함
9. 활용_화단, 허브, 화분걸이

한련화는 정식으로는 유채꽃과의 수생식물로, 메시코와 남아메리카 원산의 여러해살이풀이지만, 원예에서는 한해살이로 다룬다. 최근에는 덩굴이 짧은 종류가 나왔고, 외겹뿐 아니라 여러 겹의 꽃잎을 가진 품종도 있다. 허브로서도 다뤄지며, 꽃이나 잎 모두 샐러드로 사용된다. 씨는 보통 봄에 뿌리고, 고온다습을 싫어해 더운 한여름에는 꽃을 피우는 힘이 신통치 않지만, 기온이 조금만 시원해져도 다시 화려하게 피어난다.

## 알스트로메리아

Alstroemeria spp.

알스트로메리아과

1. 개화시기_6~7월
2. 꽃색_황, 적, 핑크, 백색 등
3. 꽃크기_3~6cm
4. 전초외양_직립형
5. 전초높이_30~100cm
6. 원산지_남아프리카
7. 생태_다년초
8. 내한성_보통~조금 약함
9. 활용_화단, 화분, 꽃꽂이

남아프리카에 약 50종이 분포되어 있으며, 근래에는 품종개량이 눈부시게 이뤄지고 있다. 화단, 화분용으로도 많이 심지만 특히 꽃꽂이용으로 아주 인기가 높다. 대부분은 내한성이 있지만, 겨울에는 따뜻하고 여름에는 시원한 것을 좋아한다. 햇볕이 잘 들고 배수와 통풍이 잘되는 곳에 심는다. 꽃잎에 얼룩이 들어가 있는 것이 특징이다.

## 하브란서스

Habranthus spp.

수선화과

1. 개화시기_6~10월
2. 꽃색_핑크, 황동색
3. 꽃크기_4~10cm
4. 전초외양_직립형
5. 전초높이_10~30cm
6. 원산지_남아메리카
7. 생태_봄에 심는 구근식물
8. 내한성_조금 약함
9. 활용_화단, 화분

상록성의 구근식물로, 남아메리카에 약 10종이 분포되어 있다. 꽃이 곧게 서지 않고, 비스듬히 위쪽으로 핀다. 구근심기는 3~4월에 하는데, 햇볕이 잘 들고 배수가 좋은 곳에 구근의 머리가 감춰질 정도로 야트막하게 심는다. 겨울에 짚을 덮어주면 얼지 않고 월동한다.

## 작약

Paeonia lactiflora

모란과

1. 개화시기_5~7월
2. 꽃색_핑크, 홍, 백색 등
3. 꽃크기_10~15cm
4. 전초외양_직립형
5. 전초높이_50~90cm
6. 원산지_티베트~중국
7. 생태_다년초
8. 내한성_강함
9. 활용_화단, 화분

중국에서는 기원전부터 약초로서 재배되어 왔던 식물로, 유럽과 아메리카를 중심으로 개량이 많이 이루어져 현재는 3천 종 이상에 달한다고 알려져 있다. 작약은 꽃 모양이 크고 풍부함이 함지박처럼 넉넉하다고 하여 함박꽃이라고 한다. 모란과 비슷하지만 모란은 나무줄기에서 꽃이 피고, 작약은 풀로 돋아 줄기에서 꽃이 핀다. 추위에 강하지만, 고온다습에는 조금 약하다. 햇볕이 잘 들고 배수가 좋은 곳에 퇴비를 충분히 넣어 가을에 모종을 심는다.

## 여름의 꽃

태양이 눈부시게 내리쬐는 여름. 이 계절의 꽃은 정열적이다. 태양을 닮아 생기발랄하게 피는 꽃을 심는 것도 좋고, 청량제 같은 시원함과 촉촉함을 더해주는 꽃도 좋다. 여름의 정원에는 태양의 축복이 넘친다.

## 접시꽃

Alcea rosea

아욱과

1. 개화시기_6~8월
2. 꽃색_핑크, 홍, 자흑, 백색 등
3. 꽃크기_7~10cm
4. 전초외양_직립형
5. 전초높이_1~3m
6. 원산지_터키, 소아시아
7. 생태_1, 2년초
8. 내한성_강함
9. 활용_화단

여름의 시작을 알리는 꽃으로, 2m가 넘는 줄기에 각양각색의 둥그런 꽃을 피운다. 오래 전에 중국에서 도래한 다년초이지만, 현재의 원예품종은 2년초와 1년초로 나뉜다. 외겹품종과 겹꽃품종이 모두 있다. 2년초는 5~6월에, 1년초는 9월 하순~10월 초순에 씨를 뿌린다. 더위나 추위에 강하고, 햇볕이 잘 들고 배수가 잘 되는 곳을 좋아한다.

### 부용화 _히비스커스

Hibiscus moscheutos

아욱과

1. 개화시기_8~9월
2. 꽃색_백, 핑크, 홍색 등
3. 꽃크기_15~30cm
4. 전초외양_직립형
5. 전초높이_1~1.8m
6. 원산지_북아메리카
7. 생태_다년초
8. 내한성_강함
9. 활용_화단

북아메리카 원산의 대형 다년초로, 무궁화와 꽃모양이 흡사하다. 교배에 의해 1년초처럼 봄에 씨를 뿌리면 여름에 꽃을 피우는데, 옛날부터 있던 원예품종으로 비교적 작고 꽃잎도 가냘프지만 30cm나 되는 꽃을 피우는 품종도 있다. 큰 꽃을 피우는 백색 품종은 여름 동안 매일 새로운 꽃이 핀다. 더위에는 강하지만, 추위에는 조금 약하다. 씨 파종은 4월경이 적당하고, 씨는 껍질이 두꺼워 싹을 틔우기 어려우므로 살짝 상처를 내어 파종한다.

## 당아욱

Malva sylvestris var. mauritiana

아욱과

1. 개화시기_6~9월
2. 꽃색_홍자, 백색 등
3. 꽃크기_5~6cm
4. 전초외양_직립형
5. 전초높이_60~90cm
6. 원산지_아시아
7. 생태_봄파종 2년초
8. 내한성_강함
9. 활용_화단

당아욱은 금규(錦葵)라고도 불리는데, 조선 후기의 농서(農書)인 『임원경제십육지(林園經濟十六志)』에 금규가 나오는 것으로 보아 18세기 이전부터 심어온 것으로 보인다. 꽃이나 열매의 모양이 엽전(葉錢)을 닮았다고 해서 붙여진 것이다. 아시아가 원산지로 높이가 60~90cm이다. 2년초로, 씨파종은 3~4월에 한다. 햇볕과 배수가 좋은 곳이라면 토양은 상관없다. 강하고 내한성도 있어 재배하기 쉽다. 꽃에 짙은 색의 줄무늬가 들어 있어 아름답다.

## 닥풀

Abelmoschus manihot

아욱과

1. 개화시기_8~9월
2. 꽃색_황, 백색
3. 꽃크기_10~20cm
4. 전초외양_직립형
5. 전초높이_1~1.5m
6. 원산지_아시아
7. 생태_1년초, 다년초
8. 내한성_조금 약함
9. 활용_화단

중국 원산으로, 황촉규(黃蜀葵)라고도 한다. 종이를 제조할 때 섬유질을 접착시키는 데 쓰이는 식물이다. 관상용에는 키가 큰 품종과 작은 품종이 있고, 꽃색은 황색이 기본이지만 드물게 백색종도 있다. 1년초로 취급하지만 따뜻한 곳에서는 다년초로도 다뤄진다. 햇볕과 배수가 좋은 곳에 질소비료 등의 유기비료를 조금 넣어 4~5월에 씨를 뿌린다.

### 글라디올러스

Gladiolus spp.

붓꽃과

1. 개화시기_7~9월
2. 꽃색_홍, 황, 적 등 다양
3. 꽃크기_5~10cm
4. 전초외양_직립형
5. 전초높이_30~120cm
6. 원산지_지중해 연안 등
7. 생태_구근식물
8. 내한성_조금 약함
9. 활용_화단, 화분

지중해 연안, 남아프리카를 중심으로 약 80종이 분포되어 있고 원예품종이 많다. 봄에 청초한 꽃을 피우는 품종과 여름에 호화로운 꽃을 피우는 품종이 있다. 봄품종은 3~5월에 피고, 여름품종은 7~9월에 핀다. 꽃색도 다채롭다. 햇볕과 배수가 좋은 곳에 봄 또는 가을에 구근을 심는다. 봄에 피는 계통은 서리막이를 한다든지 하고, 화분에 심은 것은 실내로 옮겨놓는다. 화초가 길게 자라기 때문에 지주를 세워주는 것이 좋다.

## 크로코스미아

Crocosmia x crocosmiiflora

붓꽃과

1. 개화시기_7~8월
2. 꽃색_홍, 황색
3. 꽃크기_3~5cm
4. 전초외양_직립형
5. 전초높이_40~100cm
6. 원산지_교배종
7. 생태_구근식물
8. 내한성_강함
9. 활용_화단, 꽃꽂이

크로코스미아는 백합목 붓꽃과의 여러해살이풀이다. 애기범부채라고도 한다. 잎은 칼 모양으로 곧게 서거나 끝이 늘어진다. 그리고 흰빛이 도는 녹색으로 끝이 피침형이고, 아래 잎은 부챗살이 펼쳐진 것처럼 보인다. 크로코스미아는 아주 강건해서 인가 주변에 야생화하기도 한다. 햇볕과 배수가 잘 되는 곳에 봄에 구근을 심는다. 수년 동안 그대로 놔 두면 그루터기가 커지고 꽃의 수도 늘어나 멋진 광경을 연출하게 된다.

### 분꽃

Mirabilis jalapa

분꽃과

1. 개화시기_6~10월
2. 꽃색_적자, 핑크, 황, 백색 등
3. 꽃크기_3~5cm
4. 전초외양_직립형
5. 전초높이_60~100cm
6. 원산지_열대아메리카
7. 생태_다년초, 한랭지는 1년초
8. 내한성_보통
9. 활용_화단

분화(粉花)·자화분(紫花粉)이라고도 한다. 종자의 배젖이 하얀 분질(粉質)로 되어 있어 분꽃이란 이름이 붙여졌다. 예전에는 씨를 가루로 내어 얼굴에 바르기도 했다고 한다. 열대아메리카 원산으로 1년초로 다루지만, 다년초로도 다룬다. 키가 크므로 미리 간격을 넓혀 포기 사이를 50cm 정도로 심어야 한다. 꽃은 오후에 피었다가 다음날 아침에 진다. 아주 강해서 인가 주변에서 야생화하기도 한다. 햇볕과 배수가 잘 되는 곳에 봄에 씨를 파종하면 자라서 씨를 널리 퍼트린다.

## 옥시펜타룸

oxypetalum caeruleum

박주가리과

1. 개화시기_6~9월
2. 꽃색_청색
3. 꽃크기_3cm
4. 전초외양_직립형
5. 전초높이_60~80cm
6. 원산지_브라질, 우루과이
7. 생태_다년초, 한랭지는 1년초
8. 내한성_강함
9. 활용_화단, 화분, 꽃꽂이 등

꽃시장에서는 옥시 또는 블루스타, 헤븐리블루라고도 한다. 결혼식의 부케 등으로도 많이 사용된다. 근래 씨나 모종이 많이 나와 다양하게 이용되고 있다. 더위에 강하고 추위에도 비교적 강하다. 햇볕이 좋고 배수가 잘 되면 곳이면 어디에 심어도 상관없다. 화분은 과습에 주의해야 한다. 꽃이 막 피었을 때는 옅은 청색이지만, 시간이 지나면 짙어진다.

## 칸나

Canna indica hybrid

칸나과

1. 개화시기_봄~가을
2. 꽃색_황, 적색 등
3. 꽃크기_6~10cm
4. 전초외양_직립형
5. 전초높이_50~200cm
6. 원산지_열대아메리카
7. 생태_봄에 심는 구근식물
8. 내한성_조금 약함
9. 활용_화단, 화분

개화기가 길고 강건하며 병해에 강해 집약적인 식재에 따른 효과가 높다. 우리나라에서 야외용은 봄에 심었다가 가을에 굴취해서 저장한다. 최근에는 왜성종(矮性種:크기를 작게 한 품종)이 육성되어 분화용이나 가정원예용으로 많이 이용되고 있다. 6월부터 서리가 내릴 때까지 잎과 꽃을 동시에 관상할 수 있다. 칸나 품종은 열대아메리카에 약 50종이 분포되어 있으며, 그것들을 교배시켜 만들낸 원예종이 약 1천 종에 달하고 있다.

## 이소토마

Isotoma axillaris

도라지과

1. 개화시기_7~10월
2. 꽃색_청자, 백색 등
3. 꽃크기_2~4cm
4. 전초외양_직립형
5. 전초높이_약 30cm
6. 원산지_오스트레일리아
7. 생태_1년초
8. 내한성_조금 약함
9. 활용_화단, 화분

오스트레일리아 원산의 다년초이지만, 2년째 이후는 꽃맺음이 어려워지기 때문에 원예에서는 1년초로 다룬다. 봄에 모종이 나오면 그것을 구입해 심는 것이 편하지만, 씨를 뿌려도 된다. 꽃이나 잎을 꺾으면 나오는 하얀 수액에는 강한 독성이 있으므로, 손에 묻은 수액은 잘 씻어내야 한다.

## 도라지

Platycodon grandiflorus

도라지과

1. 개화시기_6~8월
2. 꽃색_자주, 백색 등
3. 꽃크기_4~6cm
4. 전초외양_직립형
5. 전초높이_20~100cm
6. 원산지_한국, 중국 북부
7. 생태_다년초
8. 내한성_강함
9. 활용_화단, 화분, 꽃꽂이

가을을 대표하는 꽃 중의 하나지만, 원예품종은 빨리 개화하도록 개량되었기 때문에 6월경부터 꽃을 볼 수 있다. 굵은 뿌리는 식용으로도, 약용으로도 사용된다. 비옥한 토양과 햇볕을 좋아하지만, 아침 해만 드는 정도의 적은 일조량에서도 잘 자란다.

## 불로화

Ageratum houstonianum

국화과

1. 개화시기_7~11월
2. 꽃색_청자, 핑크, 백색
3. 꽃크기_2~3cm
4. 전초외양_직립형
5. 전초높이_15~60cm
6. 원산지_멕시코
7. 생태_봄 파종 1년초
8. 내한성_강함
9. 활용_화단, 화분

멕시코 원산의 다년초로 흔히 아게라툼이나 아게라덤이라 부르며, 멕시코 엉겅퀴라고도 부른다. 아게라툼(Ageratum)은 '낡지 않는다'는 뜻인데, 꽃의 빛깔이 오랫동안 바래지 않는 것에서 붙여진 이름이다. 원산지에서는 다년초이지만, 한국에서는 1년초로 다뤄지고 있다. 작은 품종은 화단의 가장자리나 화분에, 키가 큰 품종은 주로 꽃꽂이에 사용된다. 햇볕을 좋아하지만 반그늘에서도 잘 자란다. 배수가 좋으면 토양은 상관없다.

## 에키네시아

Echinacea purpurea
국화과

1. 개화시기_6~9월
2. 꽃색_홍, 백색 등
3. 꽃크기_10cm
4. 전초외양_직립형
5. 전초높이_60~100cm
6. 원산지_아메리카
7. 생태_다년초
8. 내한성_강함
9. 활용_화단, 화분, 꽃꽂이

에키네시아(Echinacea)는 그리스어로 고슴도치의 어원인데, 꽃머리 중앙부가 밤송이처럼 부풀어 있기 때문에 붙여진 이름이다. 더위나 추위에 강하고, 햇볕이 따뜻하고 배수가 좋은 곳이라면 잘 자란다. 병이나 해충도 적고 그 루터기가 크게 자라지 않아, 심은 채 놔두어도 오래도록 즐길 수 있다.

## 과꽃

Callistephus chinensis

국화과

- ❶ 개화시기_6~9월
- ❷ 꽃색_백, 핑크, 적, 황색 등
- ❸ 꽃크기_3~10cm
- ❹ 전초외양_직립형
- ❺ 전초높이_20~60cm
- ❻ 원산지_중국
- ❼ 생태_봄 파종 1년초
- ❽ 내한성_강함
- ❾ 활용_화단, 화분, 꽃꽂이

속명인 칼리스테푸스(Callistephus)는 그리스어의 'Kallos(아름답다)'와 'Stephos(화관)'의 합성어로, '아름다운 모자'란 의미다. 1년생 화초 가운데 연작장애가 가장 커서 주기적으로 돌려짓기를 해야 한다. 프랑스, 독일, 영국 등 유럽에서 품종이 개량된 이후 미국, 일본 등에서도 꽃의 색깔이나 모양이 다양한 꽃꽂이 품종이 개발되었다. 국내에서 볼 수 있는 과꽃은 일본에서 개량된 것이 많다. 화분용은 4월경에 씨를 파종하고 싹을 틔워 잎이 5, 6매 정도 나왔을 때 정식으로 옮겨 심는다.

## 천인국

*Gaillardia pulchella*

국화과

1. 개화시기_6~10월
2. 꽃색_황, 적색 등
3. 꽃크기_6~8cm
4. 전초외양_직립형
5. 전초높이_30~90cm
6. 원산지_북아메리카
7. 생태_1년초, 다년초
8. 내한성_보통
9. 활용_화단, 화분, 꽃꽂이 등

독특한 복색화다. 꽃의 가장자리 부분이 황색이고 기부가 자홍색인 것이 복색화의 기본이다. 최근에는 꽃꽂이용으로 개량되어 꽃색이나 꽃의 크기가 다양해졌다. 화단용으로 겹꽃품종도 나오고 있다. 본래 다년초이지만, 원예품종은 1년초로 다뤄진다. 햇볕이나 배수가 좋은 곳에 심으면 더위나 추위에 강하고, 병이나 해충도 거의 없기 때문에 재배하기 쉽다.

## 노랑코스모스

Cosmos sulphureus

국화과

1. 개화시기_6~10월
2. 꽃색_황, 오렌지, 적색
3. 꽃크기_5cm
4. 전초외양_직립형
5. 전초높이_20~200cm
6. 원산지_멕시코
7. 생태_1년초
8. 내한성_약함
9. 활용_화단, 화분

가을에 흔히 피는 코스모스와는 비슷한 종류지만, 잎이 완전히 다르다. 멕시코 원산으로 오랫동안 황색이나 오렌지색의 꽃밖에 없었지만, 적색이나 작은 품종이 만들어져 여름부터 가을까지의 화단용 화초로 대단한 인기를 얻게 되었다. 햇볕이나 배수가 좋은 곳이라면 쉽게 키울 수 있다. 씨 파종은 4~6월 사이에 언제라도 가능하고, 2개월 후에 개화한다. 지나칠 정도로 선명한 색의 꽃을 피운다. 심어 기르던 것이 야생화되어 절로 자라기도 한다.

### 백일홍

Zinnia elegans

국화과

1. 개화시기_7~10월
2. 꽃색_백, 황, 핑크, 적색 등
3. 꽃크기_3~10cm
4. 전초외양_직립형
5. 전초높이_10~100cm
6. 원산지_멕시코
7. 생태_1년초
8. 내한성_약함
9. 활용_화단, 화분, 꽃꽂이

백일홍(百日紅)이란, 꽃이 100일 동안 붉게 핀다는 뜻을 가지며 백일초(百日草)라고도 불린다. 최근 일본에서는 왜성종(矮性種)으로 개량해서 화분용으로도 많이 재배하고 있으며, 우리나라에도 들어와 있다. 백일홍은 꽃색이 선명하고 풍부하며, 꽃 형태도 소형의 꽃송이가 잘 피는 것부터 다알리아 크기의 거대한 송이까지 있다. 백일홍은 미국이나 유럽에서는 꽃꽂이용으로도 이용되고 있으나, 우리나라에서는 대부분 화단에 심어지고 있다.

### 해바라기

Helianthus annuus

국화과

① 개화시기_7~9월
② 꽃색_황, 담황색 등
③ 꽃크기_6~40cm
④ 전초외양_직립형
⑤ 전초높이_1~3m
⑥ 원산지_북아메리카
⑦ 생태_1년초
⑧ 내한성_약함
⑨ 활용_화단, 화분, 꽃꽂이

해바라기는 자랄 때에 햇빛을 따라서 동서로 움직인다. 그러나 꽃이 어느 정도 피고 나면 줄기가 굵어져서 꽃을 돌리는 일이 없다. 콜럼버스가 아메리카대륙을 발견한 다음 유럽으로 옮겨져, 관상용으로 재배되게 되면서 '태양의 꽃' 또는 '황금꽃'이라고 불리게 되었다. 해바라기의 작은 꽃잎은 그것 하나하나가 모두 꽃이다. 해바라기는 이렇게 작은 꽃들이 수없이 모여서 된 커다란 한 송이 꽃이다. 수많은 작은 꽃들이 지면서 그 밑 부분에 씨앗이 하나씩 생긴다.

## 마리골드 천수국

Tagetes spp.

국화과

1. 개화시기_6~10월
2. 꽃색_황, 백, 적갈색 등
3. 꽃크기_3~12cm
4. 전초외양_직립형
5. 전초높이_20~150cm
6. 원산지_멕시코 등
7. 생태_1년초
8. 내한성_약함
9. 활용_화단, 화분

멕시코 원산으로 아프리카를 거쳐 유럽에 퍼졌다. 잔물결 같은 꽃잎모양이나 화려한 색상이 보기 좋으나, 가까이 서 보면 잎의 기름샘에서 나는 독특한 향이 있다. 키가 작은 프렌치 품종과 키가 큰 아프리카 품종이 있다. 재배는 쉽고, 꽃이 적어지면 반 정도 잘라 흙에 꽂아두면 뿌리를 내린다.

## 멜람포디움

Melampodium paludosum

국화과

1. 개화시기_7~9월
2. 꽃색_황색등
3. 꽃크기_3cm
4. 전초외양_직립형
5. 전초높이_20~40cm
6. 원산지_멕시코
7. 생태_1년초
8. 내한성_약함
9. 활용_화단, 화분, 지면융단

최근에 나온 품종의 화초인데, 더위에 강해 한여름에도 쉬지 않고 꽃을 피운다. 마리골드를 대신하는 여름화단의 소재로 활용되고 있다. 작은 키로 바닥에 붙다시피 다닥다닥 모여 노란빛을 낸다. 햇볕과 배수가 좋은 곳을 선호하지만, 반그늘에서도 잘 자란다. 퇴비 등을 충분히 섞어 심어준다. 씨는 기온이 높아지는 4~6월에 파종해도 되고, 봄에 모종을 심어도 된다. 지고 난 꽃이 이파리의 그늘에 가려져, 꽃잎을 집어내지 않아도 언제나 신선한 꽃을 볼 수 있다.

## 루드베키아

Rudbeckia spp.

국화과

1. 개화시기_6~9월
2. 꽃색_황, 오렌지, 갈색 등
3. 꽃크기_5~10cm
4. 전초외양_직립형
5. 전초높이_30~80cm
6. 원산지_북아메리카
7. 생태_1, 2년초
8. 내한성_약함
9. 활용_화단, 화분, 꽃꽂이

북아메리카에 약 15종이 분포되어 있으며, 아주 건강해서 야생화하는 종도 있다. 햇볕이 잘 드는 곳에서 반그늘까지, 토양이 비옥하고 배수가 좋다면 어디든 잘 자라고 더위나 추위에도 강하다. 1년생의 종은 4~5월에 씨를 뿌려, 포트에서 싹을 틔운다. 떨어진 씨앗에서 넓게 퍼지기 때문에 불필요한 싹은 솎아준다.

## 매일초

Madagascar periwinkle

협죽도과

1. 개화시기_7~11월
2. 꽃색_핑크, 홍, 백색 등
3. 꽃크기_3~5cm
4. 전초외양_직립형, 포복형
5. 전초높이_20~60cm
6. 원산지_멕시코
7. 생태_다년초
8. 내한성_약함
9. 활용_화단, 화분, 지면융단

높이 30~50cm의 화초로서 밑 부분은 나무처럼 단단한데, 여기서 덩굴성 가지가 자라고, 꽃이 달리는 가지는 곧게 선다. 꽃이 매일 계속해서 피어, 끊이지 않는 것에서 붙여진 이름으로 더위에 대단히 강하다.

꽃색은 흰색에서 핑크색까지 여러 가지가 있고, 햇볕이 잘 들고 배수가 좋은 곳에서 잘 자란다.

## 토레니아

Torenia fournieri

현삼과

1. 개화시기_7~10월
2. 꽃색_자주, 핑크, 백색 등
3. 꽃크기_3cm
4. 전초외양_직립형
5. 전초높이_20~30cm
6. 원산지_인도네시아
7. 생태_1년초
8. 내한성_약함
9. 활용_화단, 화분

여름에서 가을까지 제비꽃을 닮은 꽃을 계속 피운다. 화단이나 베란다에 심어 즐길 수 있다. 꽃색은 자색이 기본이지만, 사랑스런 핑크나 백색의 품종도 있다. 잎은 마주 달리며 달걀 모양이고 녹색이지만, 꽃이 필 때는 자줏빛을 띤 갈색으로 된다. 봄에 씨를 뿌리지만, 시판되는 모종을 구입해 심는 것이 간단하고 좋다. 자라는 중에는 비료를 끊지 말고 주 1회 액체 비료로 주어야 한다. 화단에서는 한번 심기 시작하면 종자가 흩어져서 퍼진다.

## 코리우스

Coleus spp.

꿀풀과

1. 개화시기_6~8월
2. 꽃색_형형색색
3. 꽃크기_다양
4. 전초외양_직립형, 포복형
5. 전초높이_20~80cm
6. 원산지_열대아시아
7. 생태_1년초, 다년초
8. 내한성_약함
9. 활용_화단, 화분, 지면융단

말레이시아 등 열대아시아 지역을 원산지로 하는 관엽식물로서, 잎색이나 모양이 아름다운 원예품종이 많다. 다채로운 잎으로 관상가치가 높다. 씨에서부터 자라는 품종과 모종으로 번식하는 품종이 있다. 봄에 씨를 뿌려도 되지만, 마음에 드는 잎색의 모종을 구입해 심는 것이 좋다.

## 사루비아

Salvia spp.

꿀풀과

1. 개화시기_7~11월
2. 꽃색_적, 황, 백, 청색 등
3. 꽃크기_1~4cm
4. 전초외양_직립형
5. 전초높이_20~150cm
6. 원산지_브라질
7. 생태_1년초, 다년초
8. 내한성_약함
9. 활용_화단

샐비어가 표준어이고, 서미초(鼠尾草)라고도 한다. 샐비어가 일본으로 건너가 편하게 발음하다가 사루비아가 된 것이다. 브라질 원산의 귀화식물이며, 원산지에서는 여러해살이 화초다. 열대, 아열대를 중심으로 900종 이상이 분포되어 있고, 특히 지중해 연안이나 멕시코에 많다. 이전에는 사루비아라고 하면 새빨간 것만을 얘기했지만, 지금은 아주 많은 종과 품종이 나와 있다. 4월 하순에 씨 파종을 하거나, 봄부터 초여름에 모종을 구입해 심는다.

## 모나르다

Monarda didyma

운향과

1. 개화시기_7~9월
2. 꽃색_핑크, 백, 홍색 등
3. 꽃크기_3~5cm
4. 전초외양_직립형
5. 전초높이_60~150cm
6. 원산지_북아메리카
7. 생태_다년초
8. 내한성_강함
9. 활용_화단, 허브

북아메리카 원산으로 붉은 꽃을 피우고, 자연풍의 화단에 잘 어울린다. 화단의 모둠심기에 알맞으며, 줄기와 잎에서 향기가 강하여 허브로서도 잘 알려져서 잎을 건조시켜 차로도 사용한다. 레몬향이 있다. 더위나 추위에 강하고, 양지나 반그늘에서도 잘 자란다. 비옥하고 배수가 잘 되는 곳을 좋아하기 때문에 부엽토 등을 많이 섞어 심어준다.

233

## 수련 睡蓮

Nymphaea teragona

수련과

1. 개화시기_6~10월
2. 꽃색_백, 핑크, 홍색 등
3. 꽃크기_5~30cm
4. 전초외양_직립형
5. 전초높이_20~100cm
6. 원산지_한국
7. 생태_다년초의 수생식물
8. 내한성_강함
9. 활용_연못, 수련화분

우리나라가 원산지이고, 짧고 굵은 뿌리에서 많은 잎이 나와 수면까지 자란다. 수면까지 올라온 긴 꽃자루의 끝부분에서 꽃이 열리는데, 낮에는 피었다가 밤에는 오므리기를 3일 동안 반복한다. 봄에 화분에 심어, 햇볕이 잘 드는 연못이나 수련화분에 담가도 좋다.

### 연꽃 蓮花

Nelumbo nucifera

수련과

1. 개화시기_7~8월
2. 꽃색_백, 핑크, 홍색 등
3. 꽃크기_5~30cm
4. 전초외양_직립형
5. 전초높이_20~150cm
6. 원산지_아시아 남부
7. 생태_다년초의 수생식물
8. 내한성_보통
9. 활용_연못, 연꽃화분

불교사상과 관계가 깊은 꽃이다. 뿌리줄기는 흰색이고 가늘고 길며, 진흙 속에 뿌리를 내리고, 점점 자라 연근(蓮根)이 된다. 잎은 수면에 뜨는 잎과 수면 위로 올라온 잎이 있고, 잎의 표면에 무수히 작은 돌기가 있어 물방울이 멈추었다 흐르곤 한다. 종자의 수명은 아주 길어 2천년 전의 종자가 발아할 정도이다. 화분에 심을 때는 이른 봄에 논흙을 용기에 넣고 연꽃의 싹을 심는다. 해가 잘 들게 하고, 용기에 물을 항상 담아둔다.

## 채송화

Portulaca grandiflora Hook.

쇠비름과

1. 개화시기_5~9월
2. 꽃색_적, 황, 백색 등
3. 꽃크기_2.5~3cm
4. 전초외양_포복형
5. 전초높이_5~20cm
6. 원산지_브라질
7. 생태_1년초, 다년초
8. 내한성_약함
9. 활용_화단, 화분

브라질 원산의 1년초이지만, 온실에서는 월동이 가능하다. 주로 화단용으로 이용되지만, 가정의 계단이나 베란다에서도 화분으로 키울 수 있다. 꽃색이 다채롭고 기르기 쉬워 여름화단에서 뺄 수 없는 소재가 되었다. 통로 가장자리나 경사면, 암석정원, 디딤돌이나 돌계단 사이에 심어도 보기 좋다. 화단에 묘목을 심을 때에는 15~20cm 간격으로 심는다. 꽃잎은 외겹으로 피는 것이 주품종이지만, 얼룩무늬나 겹꽃품종도 있다. 고온이나 가뭄에 잘 견딘다.

## 봉선화 _봉숭아

Impatiens balsamina

봉선화과

1. 개화시기_6~8월
2. 꽃색_적, 핑크, 자, 백색
3. 꽃크기_2~4cm
4. 전초외양_직립형
5. 전초높이_25~65cm
6. 원산지_인도, 중국 남부
7. 생태_1년초
8. 내한성_약함
9. 활용_화단, 화분

우리에게 친숙한 화초이다. 꽃을 백반과 함께 짓이겨 손톱에 동여매면 곱게 물든다. 조선시대 책에는 '봉선화'로 되어 있는데, 이후 '봉숭아'로 발음된 것 같다. 햇볕이 좋고, 비옥하고, 조금 습기가 있는 곳을 좋아한다. 공해에 강한 식물로 도시의 화단에 적합하다. 봄에 씨를 뿌리든지, 포트에 뿌려 본잎이 3~4매 나왔을 때 정식으로 심는다. 떨어진 씨들에서도 자주 싹을 틔운다. 열매는 삭과로 타원형이고 털이 있으며, 익으면 탄력적으로 터지면서 씨가 튀어나온다.

### 임파첸스

Impatiens spp.

봉선화과

1. 개화시기_5~10월
2. 꽃색_적, 핑크, 백색 등
3. 꽃크기_3~7cm
4. 전초외양_직립형, 포복형
5. 전초높이_30~70cm
6. 원산지_열대아프리카
7. 생태_1년초, 다년초
8. 내한성_약함
9. 활용_화단, 화분

임파첸스는 아프리카가 원산지라 추위에는 다소 약하다. 하지만 꽃이 화려하고 음지나 공해에 강하기 때문에 화단에 많이 심는다. 꽃의 색상이 다양하며 화려한 편이다. 봄에서 가을까지 햇볕이 잘 들어오는 곳이 좋으나, 한여름의 직사광선은 피하는 것이 좋다. 화분에 키울 경우, 분의 겉흙이 마르지 않도록 자주 물을 주면 계속해서 피어나는 꽃을 볼 수 있다. 임파첸스는 습한 것을 좋아하는 화초다. 씨부터 기르는 품종도 있지만, 대부분은 모종을 구입해 심는다.

## 설악초

Euphorbia marginata

대극초과

1. 개화시기_7~9월
2. 꽃색_백록색
3. 꽃크기_0.3~0.7cm
4. 전초외양_직립형
5. 전초높이_30~70cm
6. 원산지_북아메리카
7. 생태_1년초
8. 내한성_약함
9. 활용_화단, 화분, 꽃꽂이

녹색의 잎이 나는데 꽃이 필 때쯤에 위쪽의 잎이 하얗게 테두리를 둘러, 눈으로 화장을 한 것처럼 보여 붙여진 이름이다. 이름과는 다르게 추위에 약하기 때문에 기온이 충분히 오른 5월경에 씨를 뿌린다. 옮겨 심는 것을 싫어하므로 화단을 잘 골라 심는다. 비나 바람으로 쓰러지지 않도록 지주를 세워준다.

### 니코티아나 _꽃담배

Nicotiana alata

가지과

1. 개화시기_7~9월
2. 꽃색_적, 황, 담록, 핑크, 백색
3. 꽃크기_3~5cm
4. 전초외양_직립형
5. 전초높이_30~80cm
6. 원산지_남아메리카
7. 생태_1년초, 다년초
8. 내한성_약함
9. 활용_화단, 화분

담배 종류 종 하나이다. 키는 작지만 잎의 모양이 담뱃잎과 똑같다. 잎과 줄기에는 점액을 분비하는 선모가 있어 끈적끈적하다. 신기하게도 낮에는 향기가 전혀 없는데, 밤에 화초 주변에 가면 여인들의 분 향기가 진동한다. 니코티아나는 더운 햇볕 아래에서는 꽃을 접고, 오후 늦게부터 이른 아침까지 꽃을 보여준다. 모종을 기르는 데 수고가 많이 들기 때문에 모종을 구입해 심는 것이 좋다. 햇볕이나 배수가 좋은 곳에 부엽토를 많이 섞어서 심는다.

## 꽈리

Physalis alkekengi var. franchetii
가지과

① 개화시기_6월, 열매는 7~9월
② 꽃색_백색
③ 꽃크기_2cm
④ 전초외양_직립형
⑤ 전초높이_60~90cm
⑥ 원산지_한국, 일본, 중국
⑦ 생태_다년초
⑧ 내한성_강함
⑨ 활용_화단, 화분

열매모양이 밤길을 밝히는 초롱 같다고 하여 등로초(燈路草)라고도 한다. 열매는 둥글고 빨갛게 익으면 먹을 수 있다. 이 열매를 꽈리라고 하는데, 씨를 빼내고 입에 넣어 공기를 채웠다가 아랫입술과 윗니로 지그시 누르면 소리가 나서 어릴 적에 좋은 장난감이었다. 열매를 덮은 주홍색 주머니는 꽃의 핵이 발달한 것이다. 관상 후의 화분을 정원에 옮겨 심으면 매년 열매가 달린다. 햇볕이 잘 들고 조금 습한 곳을 좋아한다.

## 풀협죽도

Phlox paniculata

꽃고비과

1. 개화시기_6~9월
2. 꽃색_핑크, 홍, 백색 등
3. 꽃크기_2~3cm
4. 전초외양_직립형
5. 전초높이_60~120cm
6. 원산지_한국, 일본, 중국
7. 생태_1년초, 다년초
8. 내한성_강함
9. 활용_화단, 화분, 꽃꽂이

'플록스(Phlox)'로 불리기도 하는데, '협죽도를 닮은 꽃이 피는 풀'이라고 하여 풀협죽도라고 한다. 북아메리카 원산인 여러해살이풀로, 줄기는 밀생하고 곧게 선다. 풀협죽도는 북아메리카를 대표하는 원예식물로 구미에서는 화단에 빠질 수 없는 화초이며, 약 300종 이상의 원예품종이 알려져 있다. 화려한 꽃의 자태에서 기생초(妓生草)라는 별명이 있지만, 꽃의 향이 백분의 향과 비슷하기 때문이라고도 한다. 더위나 추위에 강해, 햇볕이나 배수가 좋은 곳이라면 토양에 상관없이 잘 자란다.

### 크리넘 _문주란

Crinum spp.

수선화과

1. 개화시기_7~10월
2. 꽃색_핑크, 백색
3. 꽃크기_2~3cm
4. 전초외양_직립형
5. 전초높이_30~100cm
6. 원산지_열대~아열대지역
7. 생태_봄에 심는 구근식물
8. 내한성_약함
9. 활용_화단, 화분, 꽃꽂이

전 세계의 열대, 아열대의 해안지역에 분포되어 있으며, 땅속에 양파 같은 꽤 큰 구근이 있고, 행운목같이 생긴 잎이 길게 자란다. 수선화과 크리넘속에 속하는 화초는 약 100여 종이 있으며, 우리나라 제주도에도 한 종류가 서식한다. 하지만 요새는 수입된 원예용 크리넘을 종종 볼 수 있다. 크리넘은 그리스어로 백합의 이름에서 나온 것이다. 햇볕이 잘 들고 배수가 좋은 곳에 구근의 상부가 지상으로 살짝 나올 정도로 야트막하게 심는다.

## 천일홍

Gomphrena spp.

비름과

1. 개화시기_7~10월
2. 꽃색_핑크, 백색
3. 꽃크기_2~3cm
4. 전초외양_직립형
5. 전초높이_30~100cm
6. 원산지_열대~아열대지역
7. 생태_봄에 심는 구근식물
8. 내한성_약함
9. 활용_화단, 화분, 꽃꽂이

열대아메리카를 중심으로 약 90종이 분포되어 있다. 꽃색이 오래도록 변하지 않는 것에서 천일홍이란 이름이 붙여졌으며, 불전(佛殿)을 장식하는 꽃으로 사용되었다. 구슬 같은 꽃차례는 거칠거칠하고 건조시켜도 잘 퇴색되지 않는다. 햇볕과 배수가 좋으면, 토양에 상관없이 잘 자란다. 비료의 질소분이 많으면 꽃을 잘 피우지 못하므로 주의해야 한다.

## 나팔꽃

Pharbitis nil

메꽃과

1. 개화시기_7~10월
2. 꽃색_백, 핑크, 청색 등
3. 꽃크기_5~7cm
4. 전초외양_덩굴성
5. 전초높이_덩굴성
6. 원산지_인도
7. 생태_1년초
8. 내한성_약함
9. 활용_화단, 화분, 차양용

우리에게 너무나 친숙한 나팔꽃은 '모닝글로리(Morning Glory : 아침의 영광)'라는 이름에 걸맞게 밤에 봉오리가 벌어지기 시작해 아침에 활짝 핀다. 하지만 오후가 되면 시들어 떨어져 버리기 때문에, 꽃말은 '덧없는 사랑'이라고 붙여졌다. 씨는 하룻밤 물에 담가 씨껍질에 상처를 내고 심는다. 싹은 본 잎이 3~4매가 나올 때쯤, 햇볕이 잘 들고 배수가 좋은 곳에 다시 제대로 심는다.

## 메꽃

Calystegia japonica

메꽃과

1. 개화시기_5~9월
2. 꽃색_옅은 붉은색
3. 꽃크기_3~4cm
4. 전초외양_덩굴성 포복형
5. 전초높이_10~30cm
6. 원산지_한국
7. 생태_다년초
8. 내한성_약함
9. 활용_화단, 화분, 지면융단

메꽃은 나팔꽃의 원조라고 할 수 있다. 사실 나팔꽃이 외래종임에 반해 메꽃은 토종임에도 불구하고, 대부분의 사람들이 나팔꽃은 잘 알아도 메꽃은 잘 모른다. 꽃은 잎 겨드랑이에서 1송이씩 피는데 깔때기처럼 생겼으며 꽃부리에 주름이 져 있고, 꽃부리 끝만 5개로 갈라졌다. 햇볕을 좋아해 더위에 강하다. 겨울에는 실내의 창가에서 월동시킨다. 덩굴성 다년생 초본으로 원산지는 한국이고 한국, 일본, 중국 등에 분포하며, 야생에서는 주로 들에서 서식한다.

## 유홍초

Quamoclit pennata

메꽃과

- ❶ 개화시기_여름~가을
- ❷ 꽃색_적, 백색 등
- ❸ 꽃크기_2cm
- ❹ 전초외양_덩굴성
- ❺ 전초높이_약 2m
- ❻ 원산지_남아메리카
- ❼ 생태_1년초
- ❽ 내한성_약함
- ❾ 활용_화단, 화분, 차양용

고온에서 잘 자라며, 5월 중순 무렵에 씨를 뿌린다. 남아메리카 원산의 귀화식물로서 원예농가에서 관상용으로 심는다. 날개모양으로 깊게 갈라져 시원한 느낌이 드는 잎과 붉거나 하얀 꽃의 대비가 아름다운 덩굴식물이다. 덩굴이 왼쪽으로 감으면서 올라간다. 잎의 모양에 따라 '둥근잎 유홍초', '새깃 유홍초'로 나뉜다. 햇볕과 배수가 좋은 곳을 좋아하고, 씨는 딱딱하기 때문에 하룻밤 물에 담갔다가 살짝 상처를 내서 심어준다.

## 에볼블루스 _블루데이즈

**Evolvulus pilosus**

메꽃과

1. 개화시기_4~10월
2. 꽃색_청색
3. 꽃크기_1~2cm
4. 전초외양_포복형
5. 전초높이_약 20cm
6. 원산지_중앙아메리카
7. 생태_다년초
8. 내한성_약함
9. 활용_화단, 화분, 지면융단

이 꽃의 원래 이름은 블루데이즈(Bluedaze), 에볼블루스(Evolvulus)이나 원예상에서는 '아메리칸블루'로 유통되고 있다. 근래 들어 나오게 된 화초이지만, 여름에 시원한 느낌을 주는 파란 꽃을 주렁주렁 피우기 때문에 인기가 높다. 화분에 심을 때는 햇볕이 잘 들고 바람이 잘 통하는 곳에 놓고, 10일에 1번씩 액비를 준다. 겨울에는 얼거나 서리에 맞지 않도록 남향의 베란다나 처마 밑, 실내의 창가에 두고 물을 조금만 주고 월동시킨다.

### 풍접초 _족두리꽃

Gynandropsis gynandra

풍접초과

1. 개화시기_7~10월
2. 꽃색_백, 핑크, 적자색
3. 꽃크기_3~4cm
4. 전초외양_직립형
5. 전초높이_80~100cm
6. 원산지_열대아메리카
7. 생태_1년초
8. 내한성_약함
9. 활용_화단

키가 크고 꽃이 특이하며 잔잔한 바람에도 살랑거리는 모습이 여름 하늘과 잘 어울린다. 다섯 개의 가느다란 꽃잎과 길게 삐져 나온 꽃술을 멀리서 보면 마치 꿀을 빨고 있는 나비처럼 보여 풍접초(風蝶草)라는 이름이 붙었다. 꽃모양이 전통혼례식 때 신부의 머리에 얹는 족두리를 닮았다 하여 족두리꽃이라고도 부른다. 꽃이 피기 시작할 때는 짙은 핑크색이었다가 점점 희게 변해 가는 품종도 있다. 봄에 씨를 뿌리지만, 2년째부터는 떨어진 씨에서 마구 퍼져 자란다.

### 함수초 _미모사

Mimosa pudica

콩과

① 개화시기_7~9월
② 꽃색_핑크색
③ 꽃크기_약 2cm
④ 전초외양_포복형
⑤ 전초높이_30~50cm
⑥ 원산지_브라질
⑦ 생태_1년초(원래는 다년초)
⑧ 내한성_약함
⑨ 활용_화단, 화분

브라질이 원산지인 관상식물로 원예에서는 한해살이풀로 취급한다. 원래는 다년초로서 야생에서 자라는 것도 있다. 잎사귀에 손을 슬며시 대기만 해도 잎을 즉시 움츠리고 마치 수줍은 소녀처럼 고개를 땅으로 떨어뜨린다. 일정한 시간이 지나면 다시 원상복귀된다. 함수초(含羞草)란 '수줍음을 머금고 있는 풀'이라는 뜻이다. 이러한 움직임의 원인은 아직 밝혀내지 못했다. 햇볕과 배수가 좋은 곳이라면 토양에 상관없이 잘 자라고, 씨가 떨어져 퍼진다.

## 물옥잠

Monochoria korsakowi

물옥잠과

1. 개화시기_7~9월
2. 꽃색_담청색
3. 꽃크기_약 5cm
4. 전초외양_수면에 떠 있다
5. 전초높이_20~40cm
6. 원산지_열대아메리카
7. 생태_다년초
8. 내한성_약함
9. 활용_연못, 수조

물 위에 부유하는 수초로, 물에 떠서 크는 부레옥잠과 달리 물속에 살지만, 뿌리는 땅에 박고 식물체의 일부가 물에 잠긴다. 하지만 꽃과 잎은 물 위로 올라와 자란다. 물에 사는 식물이 그렇듯 줄기와 잎이 두터우며, 그 속에 스펀지 같은 구멍이 많아 공기를 넣을 수 있다. 즉, 물에 잘 뜰 수 있는 구조를 지닌 셈이다. 번식력이 강해 따뜻한 지역에 넓게 야생화하고 있다. 햇볕이 좋은 연못에 띄워두면 가지를 뻗어간다. 겨울에는 실내의 수조에서 키운다.

## 부처꽃

Lythrum spp.

부채꽃과

1. 개화시기_7~9월
2. 꽃색_붉은 보라색
3. 꽃크기_15~20cm(꽃대의 길이)
4. 전초외양_직립형
5. 전초높이_50~150cm
6. 원산지_유럽, 북아메리카 등
7. 생태_다년초
8. 내한성_약함
9. 활용_연못, 화단, 꽃꽂이

천굴채(千屈菜)라고도 불리며, 연못이나 습지에서 여름에 이삭처럼 꽃을 피운다. 백중날 연꽃을 대신해서 부처님 전에 받쳐진 꽃이라 해서 '부처꽃'이라 불렀다고 한다. 백중날 즈음에는 연꽃이 지고, 이 부처꽃이 연못에 만발한다. 유럽에서는 많이 재배되는 원예품종으로 알려져 있다. 습지를 좋아하지만 화단에서도 재배가 가능하고, 해를 좋아하지만 반그늘에서도 잘 자란다. 한방에서는 전초를 방광염·이뇨·지사제(止瀉劑) 등으로 사용한다.

## 풍선덩굴

Cardiospermum halicacabum

무환자나무과

1. 개화시기_8~9월
2. 꽃색_백색
3. 꽃크기_약 5mm
4. 전초외양_덩굴성
5. 전초높이_약 3m(덩굴의 길이)
6. 원산지_남아메리카
7. 생태_1년초
8. 내한성_약함
9. 활용_담장, 화분 등

남아메리카가 원산지인 열대식물로서 원산지에서는 다년초이지만, 우리나라에서는 한해살이로 취급한다. 별모양의 아주 작은 흰 꽃에 꽈리처럼 연초록의 풍선이 달리는 모습이 신기할 정도이고, 씨도 하얀 하트모양이라 기르는 재미를 만끽할 수 있는 화초다. 기온이 안정되는 4월 하순경에 씨를 심는다. 모종포트에 심어 본 잎이 4~5매쯤 되면 정식으로 옮겨 심는다. 건강하기 때문에 햇볕과 배수가 잘 되는 곳이면 기르기 쉽다. 담장, 또는 덩굴테를 만들어 올린다.

## 아가판서스

Agapanthus spp.

백합과

1. 개화시기_7~9월
2. 꽃색_보라, 백색
3. 꽃크기_3~5cm
4. 전초외양_직립형
5. 전초높이_60~200cm
6. 원산지_남아프리카 등
7. 생태_다년초
8. 내한성_보통
9. 활용_화단, 화분, 꽃꽂이

그리스어로 '사랑의 꽃'이라는 의미를 갖고 있다. 햇볕과 배수가 좋은 곳이라면 토양에 상관없고, 병이나 해충도 거의 없어 기르기 쉽다. 수년간은 다시 심지 않고, 큰 그루터기로 키운다.

## 글로리오사

Gloriosa superba

백합과

1. 개화시기_7~8월
2. 꽃색_황, 적색 등
3. 꽃크기_약 10cm
4. 전초외양_덩굴성
5. 전초높이_1.5~2m(덩굴의 길이)
6. 원산지_열대지방
7. 생태_봄에 심는 구근식물
8. 내한성_약함
9. 활용_화단, 화분, 꽃꽂이

아프리카 원산으로 백합과에 속하는 덩이줄기식물이고 여러해살이풀이다. 속명 글로리오사(Gloriosa)는 '빛나다'라는 뜻에서 나온 것으로 꽃색, 꽃의 모습이 밝고 깨끗한데서 붙여진 이름이다. 마치 파도가 쳐 뒤로 젖혀진 독특한 모양의 꽃잎과 화려한 색이 매력적이다. 잎의 앞쪽이 덩굴처럼 되어 다른 물건을 휘감고 퍼진다. 빛과 배수가 좋은 곳에 퇴비 등을 많이 넣고 심는다. 화분에는 한 그루씩 심는 것이 좋다. 가을에 지상부가 마르면 구근을 파내어 저장한다.

## 트리토마 _크니포피아

Kniphofia uvaria

백합과

1. 개화시기_6~10월
2. 꽃색_오렌지, 황, 백색 등
3. 꽃크기_10~20cm(꽃대의 길이)
4. 전초외양_직립형
5. 전초높이_50~150cm
6. 원산지_아프리카
7. 생태_다년초
8. 내한성_강함
9. 활용_화단, 꽃꽂이

세계에 60~70종이 있으나 주로 2종이 원예용으로 재배된다. 첫째는 포커 플랜트(Porker plant) 또는 토치 플라워(Torch flower) 종인데, 꽃줄기는 높이 1m 안팎이며 12~20개의 꽃이 달린다. 꽃은 길이 4~5cm이다. 둘째는 크니포피아 폴리오사(Kniphofia foliosa) 종인데, 꽃은 길이가 약 3cm로서 수술이 길게 꽃 밖으로 나오며, 긴 꽃차례를 이룬다. 환경에 적응력이 좋아, 여름의 고온다습에도, 겨울의 추위에도 잘 견딘다. 햇빛과 배수가 좋다면 심은 채로 두어도 된다.

## 백합

Lilium spp.

백합과

1. 개화시기_5~8월
2. 꽃색_백, 오렌지, 황색 등
3. 꽃크기_5~25cm
4. 전초외양_직립형
5. 전초높이_40~200cm
6. 원산지_북반구
7. 생태_가을에 심는 구근식물
8. 내한성_강함
9. 활용_화단, 화분, 꽃꽂이

주로 햇볕이 직접 쬐지 않는 숲이나 수목의 그늘, 또는 북향의 서늘한 곳에서 잘 자란다. 전 세계에 4천여 종이 분포하는데, 우리나라에는 120여 종이 있다. 옛날부터 세계 각지에서 개량하여 좋은 품종을 많이 길러냈다. 교배종에 따라 성질은 각각 조금씩 다르지만, 구근을 깊게 심고 뿌리가 충분히 뻗도록 하는 것이 포인트이다. 배수가 잘 되고 공기를 많이 함유한 토양에서 잘 자라며, 추위에는 강하나 더위에는 약하므로 직사광선을 피해주면 좋다.

## 맨드라미

Celosia cristata L.

비름과

① 개화시기_7~8월
② 꽃색_적, 황색 등
③ 꽃크기_작은 꽃이 뭉쳐 핀다
④ 전초외양_직립형
⑤ 전초높이_60~90cm
⑥ 원산지_열대아시아, 인도
⑦ 생태_1년초
⑧ 내한성_약함
⑨ 활용_화단, 화분, 꽃꽂이

원줄기 끝에 닭의 볏처럼 생긴 꽃이 핀다. 대개는 붉은색으로 피지만, 품종에 따라 여러 가지 색과 모양이 있다. 속명인 켈로시아(Celosia)는 그리스어로 '불타다'는 의미로 그 이름대로 여름부터 서리가 내릴 때까지 불 같은 꽃을 피운다. 고온다습을 좋아하고, 아주 오래 전부터 재배했다고 알려져 있다. 5~7월에 파종하면 7일이면 발아한다. 화단에 바로 씨를 심지 말고, 파종 상자에 뿌려 잎이 2~3매 될 때, 약 30cm 간격으로 옮겨 심는다.

# 가을~겨울의 꽃

가을은 결실의 계절이고, 겨울은 결실을 저장하는 계절이다. 또한 가을과 겨울은 성숙의 계절이기도 하다. 아무 말도 없이 조용히 자신을 갈무리하는 시기. 입김이 하얗게 나오는 추위에도 천천히 관상하며 즐길 수 있는 꽃이 있다.

## 사프란

Crocus sativus

붓꽃과

1. 개화시기_10~11월
2. 꽃색_담자색
3. 꽃크기_5~8cm
4. 전초외양_직립형
5. 전초높이_약 20cm
6. 원산지_그리스 아테네 주변
7. 생태_가을에 심는 구근식물
8. 내한성_보통
9. 활용_화단, 화분, 향신료 등

사프란은 품종에 따라 늦가을~초겨울에 피는 것이 있고, 이른 봄에 피는 것이 있는데, 봄에 피는 품종을 '사프란크로커스'라고 하고, 초겨울에 피는 것을 그냥 '사프란'이라고 한다. 늦가을~초겨울에 피는 사프란의 암술을 말려 향신료나 약용으로 사용한다. 요리 등에 사용하는 사프란도 그것이다. 많이 희석해도 노란색을 띠기 때문에 음식물의 빛깔을 내거나 염색하는 데 쓰인다. 꽃은 담자색으로 크다. 잎은 많아 10매 정도 달린다.

## 콜키쿰

Colchicum spp.

백합과

1. 개화시기_10~11월
2. 꽃색_핑크, 백색 등
3. 꽃크기_5~10cm
4. 전초외양_직립형
5. 전초높이_10~30cm
6. 원산지_유럽, 아프리카 등
7. 생태_가을에 심는 구근식물
8. 내한성_강함
9. 활용_화단, 화분

유럽 중남부와 북아메리카가 원산으로 약 45종이 분포되어 있으며, 가을에 꽃을 피운다. 홑꽃품종과 겹꽃품종이 있다. 홑꽃품종은 사프란을 닮았지만, 암술이 6개로 3개인 사프란과 구별된다. 줄기나 씨에 콜키친(colchicine)이라는 물질이 들어 있는데, 과거에는 진통제로 사용되기도 했다. 또 식물의 세포분열을 방해하기 때문에 세포학, 유전학 연구에도 이용된다. 구근을 땅위에 그냥 놔두어도 꽃을 피운다. 콜키쿰은 꽃이 지고 난 후, 잎이 뻗어 나간다.

## 세라토스티그마

Ceratostigma plumbaginoides

갯질경이과

1. 개화시기_9~11월
2. 꽃색_청색
3. 꽃크기_약 2cm
4. 전초외양_포복형
5. 전초높이_30~60cm
6. 원산지_서부중국, 티베트
7. 생태_다년초
8. 내한성_보통
9. 활용_화단, 화분, 향신료 등

파란색의 꽃, 가을이 깊어가면 붉은색으로 변하는 잎이 매력적이다. 원산지는 서부중국 및 티베트이고, 반상록성으로 지면융단용 및 분재 소재로 좋은 화초다. 배수가 잘 되는 곳에 심어 햇볕을 충분히 쪼여주면 잎의 색채도 강해지고, 꽃도 나무를 온통 덮을 듯이 많이 피어난다. 추위에 강하고 더위에도 강하지만, 여름에 너무 무성하게 되면 가지를 솎아준다.

## 옥천앵두 _크리스마스체리

Solanum pseudocapsicum

가지과

1. 개화시기_7~9월, 8~12월(열매)
2. 꽃색_백색
3. 꽃크기_약 1.5cm
4. 전초외양_직립형
5. 전초높이_50~100cm
6. 원산지_남아메리카
7. 생태_다년초
8. 내한성_보통
9. 활용_화단, 화분

정식 명칭은 '예루살렘체리나무'이다. 남아메리카가 원산인 귀화식물로, 가지가 많이 분지되어 높이 1m 정도로 덩굴처럼 자란다. 꽃은 7~9월 흰색으로 잎겨드랑이에 1개씩 밑을 향해 달린다. 가을부터 겨울에 빨간색 또는 노란색의 귀여운 열매를 맺는데, 관상의 포인트는 이 열매다. 원예에서는 '크리스마스체리'라는 이름으로도 불린다. 열매는 독이 있다고 해 먹지 않는다. 1년초로 다루는 경우가 많지만, 화단에서 월동이 가능하다.

## 비덴스 페루리폴라이아

Bidens polylepis

국화과

1. 개화시기_10~11월
2. 꽃색_황색, 백색
3. 꽃크기_약 5cm
4. 전초외양_직립형
5. 전초높이_80~120cm
6. 원산지_북아메리카
7. 생태_다년초
8. 내한성_강함
9. 활용_화단, 화분, 꽃꽂이

국화과의 다년초인 비덴스 페루리폴라이아는 화원에서는 그냥 '비덴스'로 팔리고 있다. 꽃이 점점 줄어드는 늦은 가을에 피기 때문에 소중한 화초이다. 보통 꽃색은 황색, 백색인데, 황색 바탕에 가장자리가 백색인 꽃이 피는 품종도 있다. 아주 건강하지만, 햇빛을 충분히 받지 못하면 잎만 무성해지고 꽃이 피지 않는 경우가 있어 주의해야 한다. 심고서 놔두면 계속 자라므로 7월 초에 30cm 정도로 잘라주는데, 꽃이 필 때쯤에는 1m 정도로 크기가 적당해진다.

### 코스모스

Cosmos bipinnatus Cav.

국화과

1. 개화시기_8~10월
2. 꽃색_다양
3. 꽃크기_6~10cm
4. 전초외양_직립형
5. 전초높이_1~2m
6. 원산지_멕시코
7. 생태_1년초
8. 내한성_강함
9. 활용_화단, 화분, 꽃꽂이

코스모스는 그리스어로 '장식, 아름답다'는 의미로, 가을의 대표적 화초이다. 원예품종이 아주 많이 나오고 있는데, 꽃색도 다양하다. 가지와 원줄기 끝에 머리 모양의 꽃이 1개씩 개화하는데 흰색, 분홍색, 보라색 등등 여러 가지 색의 꽃이 핀다. 햇볕이나 배수가 좋은 곳이라면 재배는 용이하지만, 척박한 곳에서도 잘 자란다. 멕시코 원산인 1년생 초본으로서 관상용으로 널리 재배하며, 야생으로 자라기도 한다. 가을에 피는 코스모스는 봄에 씨를 뿌리면 6~10월에 꽃이 핀다.

## 국화

Chrysanthemum morifolium

국화과

1. 개화시기_8~11월
2. 꽃색_다양
3. 꽃크기_다양
4. 전초외양_직립형
5. 전초높이_30~150cm
6. 원산지_중국
7. 생태_다년초
8. 내한성_강함
9. 활용_화단, 화분, 꽃꽂이

중국에 자생하던 종류의 일부가 많은 품종으로 개량되어 전 세계로 퍼졌다. 2천여 품종이 있지만, 아직도 계속 나오고 있다. 외양이 단정하고 종류가 실로 다양해, 정원에 많이 심고 있는 전형적인 두상화(頭狀花)이다. 동양에서는 예로부터 관상식물로 심었으며, 사군자의 하나로 귀한 대접을 받아왔다. 햇볕이나 배수가 잘 되는 곳을 좋아하고, 반그늘에서도 잘 자란다. 그러나 습기가 많으면 뿌리가 썩기 쉬우므로 조심해야 한다.

### 목화

Gossypium spp.

국화과

1. 개화시기_8~9월
2. 꽃색_백, 황색 등
3. 꽃크기_3~7cm
4. 전초외양_직립형
5. 전초높이_0.3~3m
6. 원산지_인도
7. 생태_다년초, 1년초(원예종)
8. 내한성_약함
9. 활용_화단, 화분

목화는 인도가 원산지로, 세계적으로 약 30종이 분포되어 있다. 꽃은 8~9월에 걸쳐 계속 피고 지는데, 잎겨드랑이에서 나는 꽃자루 끝에 1개씩 달린다. 우리나라에는 고려 공민왕 때 문익점이 원나라에서 붓뚜껑에 숨겨 들여온 다음부터 재배되기 시작한 것으로 알려져 있다. 관상용으로는 키가 작은 품종이 재배되고 있다. 원래는 다년생 교목이지만 원예에서는 1년초로 다루고, 5월에 심는다. 씨는 면모를 제거하고, 껍질에 상처를 내주면 싹을 틔우기가 쉽다.

## 댑싸리 _대싸리

Kochia scoparia

명아주과

1. 개화시기_7~9월
2. 꽃색_담녹색
3. 꽃크기_1~2mm
4. 전초외양_직립형
5. 전초초높이_약 1m
6. 원산지_유럽, 아시아
7. 생태_1년초
8. 내한성_약함
9. 활용_화단, 화분

댑싸리는 옛날에 마당비를 만들기 위해 뜰이나 집 둘레에 심던 한해살이풀인데, 자연적으로 계란모양을 이루며 자란다. '대싸리'라고도 한다. 건조한 줄기를 묶어 비로 쓰는 것에서 댑싸리라는 이름이 붙여졌다. 우리나라에서는 열매를 먹었다는 이야기가 없지만 일본에서는 진미의 하나로 독특한 풍미와 식감을 즐긴다고 한다. 관상용으로는 녹색에서 붉은색으로 변해가는 잎색깔의 변화를 즐길 수 있다. 봄에 햇볕과 배수가 좋은 곳에 씨를 심는다.

### 꽃양배추

Brassica oleracea var. acephala

유채꽃과

1. 개화시기_4~5월
2. 꽃색_담황색
3. 꽃크기_약 1cm
4. 전초외양_직립형
5. 전초높이_약 1m
6. 원산지_개량종
7. 생태_1년초
8. 내한성_보통
9. 활용_화단, 화분

꽃양배추는 양배추에서 개발된 화훼품종으로서, 겨울철에 빈 화단을 예쁘게 장식하는 역할을 훌륭히 수행한다. 0℃ 이상에서 월동하며, 잎은 방사상으로 갈라져 있다. 양배추에 가까운 생리적 특성을 갖고 있으며, 10월 중하순 무렵부터 기온이 떨어지기 시작하면 잎의 색은 핑크, 적, 유백색 등으로 나타난다. 겨울 관상용으로는 이 잎의 색을 즐긴다. 봄이 되면 줄기가 뻗어 담황색의 작은 꽃을 피운다. 햇볕이 잘 들고, 가능한 서늘한 곳에서 키운다.

## 마타리

Patrinia scabiosaefolia

마타리과

1. 개화시기_8~10월
2. 꽃색_황색
3. 꽃크기_3~4mm
4. 전초외양_직립형
5. 전초높이_30~110cm
6. 원산지_동아시아
7. 생태_다년초
8. 내한성_보통
9. 활용_화단, 화분, 꽃꽂이

노란 꽃이 예쁜 마타리는 가을을 대표하는 화초 중 하나이다. 옛날부터 봄의 어린 순은 나물로, 뿌리는 약용으로 유용하게 이용해 왔다. 정원에 심어 꽃을 관상하거나, 물올림이 좋아 꽃꽂이로도 활용할 수 있다. 햇볕이나 배수가 좋은 곳이라면 잘 자란다. 봄에 씨를 뿌리든지, 시판되는 모종을 심으면 된다. 줄기가 뻗기 시작할 때 끝을 적당히 잘라주면, 키가 너무 크게 자라지 않는다. 일찍 피는 품종과 키가 작은 품종도 있는데, 빨리 피는 품종은 잘라주지 않아도 된다.

307

## 개미취

Aster tataricus

국화과

- ① 개화시기_7~10월
- ② 꽃색_백, 담자색 등
- ③ 꽃크기_1.5~2cm
- ④ 전초외양_직립형
- ⑤ 전초높이_1.5~2m
- ⑥ 원산지_한국
- ⑦ 생태_다년초
- ⑧ 내한성_강함
- ⑨ 활용_화단, 화분, 꽃꽂이

한국 원산으로 전국의 깊은 산 습한 곳에서 자라는 다년생 초본인데, 근래에는 재배도 하고 관상용으로도 키운다. 하지만 아직은 품종이 별로 개량되지 않아 야생화로 취급받고 있다. 뿌리는 기침을 멈추는 약의 원료로 사용된다. 대단히 강해서, 햇빛이나 배수가 좋은 곳이라면 그냥 놔두어도 잘 자란다. 6월경에 줄기를 잘라주면 키가 적당하게 된다. 봄이나 가을에 땅속줄기를 나누어 심어준다. 장소에 따라 꽃의 빛깔이 진하기도 하고 연하기도 하다.

## 털머위

Farfugium japonicum

국화과

1. 개화시기_9~10월
2. 꽃색_황색
3. 꽃크기_4~6cm
4. 전초외양_직립형
5. 전초높이_30~80cm
6. 원산지_중국
7. 생태_다년초
8. 내한성_보통
9. 활용_화단, 화분, 꽃꽂이 등

꽃이 곰취와 닮았다고 하여 말곰취라고도 부른다. 꽃줄기는 60cm 안팎으로 길게 올라오는데, 다 자라면 자줏빛이 도는 것이 나무처럼 단단해 보인다. 그 끝에 이삭으로 된 황색 꽃이 9~10월에 핀다. 광택이 있는 커다란 둥근 잎이 일년 내내 푸르러 아름답다. 반점이 있는 품종이나 잎의 주름이 있는 품종도 있다. 대부분의 장소에서 기르지만, 반그늘의 조금 습한 곳에서 잎이 아름답게 자란다. 어린잎은 나물로도 이용할 수 있다.

311

### 바위떡풀 _대문자초

Saxifraga fortunei var.

범의귀과

1. 개화시기_7~8월
2. 꽃색_백, 핑크색 등
3. 꽃크기_2~3cm
4. 전초외양_직립형
5. 전초높이_25~35cm
6. 원산지_한국
7. 생태_다년초
8. 내한성_보통
9. 활용_화단, 화분

야생에서는 습기 찬 바위틈에서 잘 자란다. 원래는 백색 꽃밖에 없어 산야초로 재배되는 정도였지만, 최근 십여 년 사이에 품종 개량이 이루어져 많은 원예품종이 생겨났다. 5개의 꽃잎모양이 대(大)자를 닮아 대문자초(大文字草)라고도 한다. 꽃은 7~8월에 흰색, 핑크색 등으로 피며, 열매는 달걀 모양 삭과로 10월에 익는다. 일반적으로는 배수가 좋은 흙을 채운 화분에 심어, 잎과 꽃, 열매를 모두 즐긴다. 화분은 바람이 잘 통하는 그늘진 곳에 둔다.

313

## 대상화

Anemone hupehensis var.

미나리아재비과

1. 개화시기_9~10월
2. 꽃색_황색
3. 꽃크기_5~7cm
4. 전초외양_직립형
5. 전초높이_50~100cm
6. 원산지_중국
7. 생태_다년초
8. 내한성_강함
9. 활용_화단, 화분

중국이 원산이며 일본의 산야에도 야생으로 피는데, 우리나라에는 오래 전에 중국에서부터 전해진 것이라 여겨진다. 아네모네의 일종인데, 잎이 여러 갈래로 갈라진 대상화도 있다. 꽃색이 흰 것도 있지만 분홍색의 꽃이 일반적으로 많이 나온다. 지금 출하되는 품종은 교배종이 많다. 석양이 들지 않는 곳에 부엽토들을 충분히 섞어서 심는다. 9~10월에 지름 5~7cm의 연한 홍자색 꽃이 가지 끝에 1개씩 달린다. 가을모란, 추명국(秋明菊)이라고도 불린다.

## 층꽃나무

Caryopteris incana

마편초과

- ① 개화시기_7~9월
- ② 꽃색_자주, 보라, 백색
- ③ 꽃크기_5~7mm
- ④ 전초외양_직립형
- ⑤ 전초높이_30~70cm
- ⑥ 원산지_동아시아
- ⑦ 생태_다년초
- ⑧ 내한성_보통
- ⑨ 활용_화단, 화분, 꽃꽂이

꽃은 취산(聚散) 꽃차례로 윗부분의 잎겨드랑이에 층층이 달린다. 꽃차례가 여러 단으로 거듭되어 있어 단국(段菊)이란 이름도 있다. 보통은 연한 자줏빛이지만, 연보라 흰색도 드물게 나타난다. 층꽃나무란 이름은 꽃이 층을 이루며 핀다고 붙여졌다. 한국, 일본, 중국, 타이완의 난대에서 아열대에 걸쳐 분포되어 있고, 차꽃으로 애용되며, 약용으로도 쓰인다. 햇빛과 배수가 좋은 곳에 부엽토를 많이 섞어 심는다. 건조에는 약하기 때문에 주의한다.

## 나무베고니아

Begonia grandis ssp.

베고니아과

1. 개화시기_8~11월
2. 꽃색_핑크, 주홍색
3. 꽃크기_3~5cm
4. 전초외양_직립형
5. 전초높이_30~50cm
6. 원산지_중국
7. 생태_다년초
8. 내한성_강함
9. 활용_화단, 화분

야외에서 월동할 수 있는 유일한 베고니아. 8~11월에 주홍빛의 꽃을 피우며, 꽃이 지고 나면 잎이 달린 부분에 열매가 여러 개 달려 그것이 떨어져 자연히 늘어난다. 추위나 더위에 강하고, 병이나 해충도 거의 없어 키우기 쉽다. 적당히 습하고 반그늘이 진 곳에 퇴비를 많이 섞어 심어주면 된다. 떨어진 씨앗이 새순을 피우기도 하지만, 무성하게 자랐을 때 가지를 적당히 잘라 심어 놓으면 다음해에 꽃을 피운다. 그만큼 키우기 쉬운 화초이다.

## 개모밀덩굴

Ampelygonum umbellatum

마디풀과

1. 개화시기_8~10월
2. 꽃색_핑크색
3. 꽃크기_2~2.5cm
4. 전초외양_포복형
5. 전초높이_10~20cm
6. 원산지_히말라야
7. 생태_다년초
8. 내한성_약함
9. 활용_화단, 화분, 지면음단

인도 북부의 히말라야 원산으로, 메밀과 비슷한 외모를 하고 있어 개모밀이라 부른다. 적지리(赤地利)라고도 한다. 원래는 야생종으로 양지바른 바닷가에서 자랐는데, 요즈음에는 기후변화 탓인지 내륙에서도 잘 자란다. 핑크색의 반구모양의 꽃을 다수 피우고, 잎의 표면에는 흑갈색의 갈매기문양이 있으며, 가을에는 홍엽이 된다. 아주 건강하기 때문에 비료를 주지 않아도, 물주기에 신경을 쓰지 않아도 잘 자란다. 관리를 하지 않으면 잡초가 되어버린다.

### 스테른베르기아

Sternbergia lutea

수선화과

1. 개화시기_9~10월
2. 꽃색_황색
3. 꽃크기_2~3cm
4. 전초외양_직립형
5. 전초높이_10~15cm
6. 원산지_지중해 연안
7. 생태_구근식물
8. 내한성_약함
9. 활용_화단, 화분, 지면융단

지중해 연안이 원산지이다. 알뿌리는 검은 껍질에 싸인 비늘줄기이다. 잎은 수선화처럼 밑에서 줄 모양으로 나오는데, 꽃이 핀 뒤에 나올 때도 있다. 9월경, 구근에서 2~3줄기의 꽃줄기를 뻗어, 크로커스를 닮은 모양의 꽃을 피운다. 가을부터 봄에 자라고, 여름에 휴면하는 성질이 있다. 구근은 7월 하순~8월 초순에 심는다. 심는 시기가 늦어지면 뿌리의 발육이 제대로 되지 않아, 꽃줄기나 잎의 자람도 나빠진다. 추위에 잘 견디며, 햇볕이 드는 곳에서 잘 자란다.

## 동백

Camellia japonica L.

차나무과

1. 개화시기_1~4월
2. 꽃색_적색
3. 꽃크기_6~10cm
4. 전초외양_직립형
5. 전초높이_최고 15m
6. 원산지_한국
7. 생태_상록활엽소교목
8. 내한성_강함
9. 활용_화단, 분재 등

추운 겨울에 꽃을 피운다 하여 붙은 이름이 동백(冬栢)이다. 한겨울이라도 며칠간 따스한 날씨가 이어지기라도 하면 보란 듯이 꽃을 피운다. 우리나라 남해안가의 동백은 보통 1월부터 꽃을 피우기 시작해, 2월 말~3월 초가 되면 흐드러지게 피어난다. 가장 늦게 꽃을 피우는 곳이 고창 선운사의 동백인데, 보통 4월 말에서 5월 초가 되어야 비로소 얼굴을 내민다. 이렇듯 지역에 따라 피는 시기가 다르다. 원산지는 한국이고 일본, 중국 등에도 분포한다.

# 한국의 정원화 찾아보기

가자니아 108
개모밀덩굴 320
개미취 308
개양귀비 18
고데치아 88
과꽃 208
국화 298
글라디올러스 190
글로리오사 276
금낭화 16
금어초 20
금잔화 110
꽃담배 246
꽃양배추 304
꽈리 248
끈끈이대나물 168
나무베고니아 318
나팔꽃 256
남도자리 42
너도바람꽃 122
네덜란드붓꽃 102
네메시아 46
노랑코스모스 212
노루귀 14
니겔라 128
니코티아나 246
다알리아 152
다이안사스 170

닥풀 188
달맞이꽃 132
당아욱 186
대문자초 312
대상화 314
대싸리 302
댑싸리 302
더치아이리스 102
데이지 32
델피늄 126
도라지 202
독일붓꽃 100
동백 324
둥굴레 72
땃딸기 52
로베리아 116
루드베키아 222
루피너스 66
리나리아 22
리모니움 142
리무나테스 86
리빙스턴데이지 34
리시마키아 154
마리골드 218
마타리 306
매일초 224
맨드라미 282
메꽃 258

멜람포디움 220
모나르다 232
목화 300
무스카리 82
문주란 252
물망초 56
물옥잠 268
미모사 266
바니테일 144
바위떡풀 312
백설 24
백일홍 214
백합 280
범부채 138
베고니아 158
베르게니아 70
복수초 12
봉선화 240
봉숭아 240
부용화 184
부처꽃 270
분꽃 194
불로화 204
붓꽃 136
블루데이즈 262
비단향꽃무 92
비덴스 페루리폴라오- 294
비스카리아 48

327

빈카 114
사루비아 230
사철채송화 162
사프란 286
사프란크로커스 98
샤스타데이지 36
서양괭이밥 106
선홍초 164
설란 118
설악초 244
세라스티움 44
세라토스티그마 290
송엽국 162
수레국화 112
수련 234
수선화 54
스노우드롭 58
스노우플레이크 60
스위트피 64
스타티스 142
스테른베르기아 322
스톡 92
시레네 168
아가판서스 274
아그로스템마 164
아네모네 120
아도니스 12
아레나리아 42
아르메리아 104

아마 134
안개꽃 166
알리움 76
알스트로메리아 174
애기금어초 22
앵초 26
에볼블루스 262
에키네시아 206
연꽃 236
옥사리스 106
옥스아이데이지 40
옥시펜타룸 196
옥천앵두 292
운간초 68
월견화 132
유채꽃 94
유홍초 260
은방울꽃 74
은쑥 146
이베리스 90
이소토마 200
임파첸스 242
잇꽃 150
잉글리쉬데이지 32
자라난화 96
자란 84
자주달개비 160
작약 178
저먼아이리스 100

절분초 122
접시꽃 182
제라니움 62
제비꽃 28
족두리꽃 264
줄무늬범부채 140
채송화 238
천상초 68
천수국 218
천인국 210
천일홍 254
초롱꽃 148
층꽃나무 316
층층이부채꽃 66
카라 156
칸나 198
캄파눌라 148
코리우스 228
코스모스 296
콜키쿰 288
크니포피아 278
크로코스미아 192
크리넘 252
크리스마스체리 292
털머위 310
토끼꼬리 144
토레니아 226
튤립 78
트리토마 278

티모필라데이지 38
패랭이꽃 170
팬지 30
퍼플하트 160
풀협죽도 250
풍선덩굴 272
풍접초 264
하브란서스 176
한련화 172
할미꽃 124
함수초 266
해바라기 216
협죽초 50
홍람 150
홍화 150
훈장국화 108
흑종초 128
히비스커스 184
히아신스 80

# 꽃과 나눈 대화

# 꽃과 나눈 대화

# 꽃과 나눈 대화

# 꽃과 나는 대화

# 꽃과 나눈 대화

# 꽃과 나눈 대화